Verfahrens- und Werkstoffentwicklung zur Herstellung oxidkeramischer Mikroformteile mit minimiertem Sinterschrumpf

Dissertation zur Erlangung des Doktorgrades
der Fakultät für Angewandte Wissenschaften der
Albert-Ludwigs-Universität Freiburg im Breisgau

vorgelegt von Diplom-Chemiker
Volker Hennige

Dekan: Prof. Dr. Ing. Hans Burkhardt
1. Gutachter: Prof. Dr. Ing. Jürgen Haußelt
2. Gutachter: Prof. Dr. Gerald Urban

Tag der Promotion: 20.02.98

Berichte aus der Werkstofftechnik

Volker D. Hennige

Verfahrens- und Werkstoffentwicklung zur Herstellung oxidkeramischer Mikroformteile mit minimiertem Sinterschrumpf

Shaker Verlag
Aachen 1998

Die Deutsche Bibliothek - CIP-Einheitsaufnahme

Hennige, Volker D.:
Verfahrens- und Werkstoffentwicklung zur Herstellung oxidkeramischer Mikroformteile mit minimiertem Sinterschrumpf / Volker D. Hennige.
- Als Ms. gedr. -
Aachen: Shaker, 1998
   (Berichte aus der Werkstofftechnik)
   Zugl.: Freiburg, Univ., Diss., 1997
ISBN 3-8265-3683-5

Copyright Shaker Verlag 1998
Alle Rechte, auch das des auszugsweisen Nachdruckes, der auszugsweisen oder vollständigen Wiedergabe, der Speicherung in Datenverarbeitungsanlagen und der Übersetzung, vorbehalten.

Als Manuskript gedruckt. Printed in Germany.

ISBN 3-8265-3683-5
ISSN 0945-1056

Shaker Verlag GmbH • Postfach 1290 • 52013 Aachen
Telefon: 02407 / 95 96 - 0 • Telefax: 02407 / 95 96 - 9
Internet: www.shaker.de • eMail: info@shaker.de

Meiner Familie und Beate gewidmet

Ich danke recht herzlich

> Herrn Prof. Dr. Haußelt für die Betreuung der Arbeit, die Ratschläge zum Verfassen der Dissertation sowie die vielfältigen Diskussionen, durch die ich immer wieder gezwungen war, die Richtigkeit meiner Überlegungen zu überprüfen.
>
> Herrn Prof. Dr. Urban für die Übernahme des Korreferats.
>
> Herrn Dr. Ritzhaupt-Kleissl für die interessante Themenstellung sowie für die Bereitschaft, jederzeit als Diskussionspartner zur Verfügung zu stehen.

Mein besonderer Dank gilt

> Herrn Dr. Binder für die Diskussion der chemischen Fragestellungen sowie für das äußerst kritische Korrekturlesen des ersten Entwurfs der Dissertation.
>
> Herrn Dr. Bauer für die Diskussion der keramischen Fragestellungen und vor allem für die Unterstützung bei soft- und hardwaretechnischen Problemen.
>
> allen Mitarbeiterinnen und Mitarbeitern des IMF III am Forschungszentrum Karlsruhe, aber vor allem der Abteilung KER, die das Zustandekommen dieser Arbeit in vielfältiger Form unterstützt haben.
>
> allen Mitarbeiterinnen und Mitarbeitern des Instituts für Mikrosystemtechnik an der Universität Freiburg, die mir den fliegenden Wechsel von Karlsruhe nach Freiburg so leicht gemacht haben.

Zusammenfassung

Im Rahmen der vorliegenden Arbeit wurde ein Verfahren sowie ein Werkstoffsystem zur Herstellung schrumpfungsfreier, oxidkeramischer Mikroformteile entwickelt. Das Prinzip des Verfahrens besteht darin, daß der bei allen pulvertechnologischen Keramikherstellungsverfahren unvermeidliche Schrumpfungsprozeß durch die mit einer Volumenzunahme verknüpfte Bildung neuer Phasen im Laufe eines Reaktionssinterprozesses kompensiert wird. Hierzu wurde aus einer Reihe verschiedener Edukte und Formgebungsverfahren das erfolgversprechendste System ausgewählt, weiterentwickelt und optimiert. Ausgangspunkt dieses Reaktionssinterverfahrens sind neben Gemischen aus AlSi44 und Al_2O_3 hauptsächlich Mischungen aus $ZrSi_2$, ZrO_2 und einem Polysiloxan, die zunächst durch ein axiales Trockenpreßverfahren zu den entsprechenden Bauteilen verdichtet werden. Diese Grünkörper werden im Anschluß daran einem *reaction bonding* Prozeß an Luft unterworfen, der sich im System $ZrSi_2$-ZrO_2 in die drei Teilschritte Pyrolyse des Polysiloxans, Oxidation der intermetallischen Verbindung und eigentlicher Sinterprozeß untergliedert. Durch die mit der Oxidation der intermetallischen Verbindung bzw. der Legierung verknüpfte Volumenzunahme der Grünkörper läßt sich der Sinterschrumpf bei geeigneter Ausgangszusammensetzung kompensieren. Der eingesetzte sogenannte *low loss binder* Polymethylsilsesquioxan zeichnet sich durch einen hohen keramischen Rückstand bei der Pyrolyse aus. Selbst bei einem hohen Binderanteil im Grünkörper läßt sich der Sinterschrumpf in diesem Fall vollständig ausgleichen. Dadurch ist der Zugang zu einem wirtschaftlichen Formgebungsverfahren, wie z.B. Keramischer Spritzguß, prinzipiell gewährleistet. Am Ende der Temperaturbehandlung werden im System $ZrSi_2$-ZrO_2 weiße Keramiken aus überwiegend $ZrSiO_4$ erhalten, die sich durch eine hohe Dichte sowie gute mechanische Eigenschaften auszeichnen. Im System AlSi44-Al_2O_3 lassen sich hingegen keine so guten Eigenschaften erzielen. Ein denkbares Anwendungsfeld dieser schwindungsfreien $ZrSiO_4$-Keramiken stellt neben der Mikrosystemtechnik die Dentaltechnik dar.

Summary

The issue of this paper is the development of a process and a material system for the production of oxyceramic microparts without sinter shrinkage. Production of ceramics by powder technology is always combined by sinter shrinkage. So the principle of this method is to compensate shrinkage by the formation of new phases with enlarged volumes during a reaction bonding process. From a variety of educts and shaping processes the most successful system was selected, further developed and optimized. Mixtures of AlSi44 and Al_2O_3 as well as $ZrSi_2$, ZrO_2 and a polysiloxane are the basic materials for the described reaction bonding process. First of all the granulate made of these raw materials has to be shaped by uniaxial pressing at elevated temperatures to obtain the green compacts. Within the reaction bonding process these parts are exposed to a thermal treatment under flowing air. In the $ZrSi_2$-ZrO_2-system this process involves in a first step the pyrolysis of the polymer, in a second the oxidation of $ZrSi_2$, and in a third the sintering process. The sinter shrinkage of the green parts is compensated by the volume expansion during the oxidation of $ZrSi_2$. In this work polymethylsilsesquioxane is used as low loss binder because of its high ceramic residue after the pyrolysis. In spite of the high amount of polymer in the green part compensation of sinter shrinkage can be achieved. So an economical shaping process, such as ceramic injection moulding, seems possible. After the thermal treatment the ceramics in the system $ZrSi_2$-ZrO_2 are white and consist mainly of $ZrSiO_4$. In contrast to the ceramics obtained in the system AlSi44-Al_2O_3 these $ZrSiO_4$-ceramics have a high density and good mechanical properties. Fields of application for these ceramics with low-to-zero sinter shrinkage are components for microtechnology and dentistry.

Inhaltsverzeichnis

EINLEITUNG   1

1 Einführung in das Themengebiet 3
2 Aufgabenstellung und Zielsetzung 9
3 Grundlegende Betrachtungen 11
   3.1 Mathematische Betrachtungen zum Sinterschrumpf 11
      3.1.1 Sinterschrumpf 11
      3.1.2 Berechnung theoretischer Dichtewerte von Körpern 12
      3.1.3 Berechnung theoretischer Volumenänderungen 13
   3.2 Die Edukte und deren Auswahl 14
      3.2.1 Die reaktive und inerte Komponente 14
      3.2.2 Der Binder 15
      3.2.3 Schlußfolgerung 15
   3.3 Beschreibung der Stoffsysteme 17
      3.3.1 Das System AlSi44-Al_2O_3 17
      3.3.2 Das System $ZrSi_2$-ZrO_2 19
   3.4 Kinetische Betrachtungen zur Oxidation 21

EXPERIMENTELLER TEIL   25

4 Herstellung der Keramiken 27
   4.1 Überblick über das Gesamtverfahren 27
   4.2 Grundlegende Untersuchungen 28
   4.3 Pulveraufbereitung und Herstellung der Granulate 29
      4.3.1 Das System $ZrSi_2$-ZrO_2 29
      4.3.2 Das System AlSi44-Al_2O_3 32
   4.4 Formgebung 33
   4.5 Das Reaktionssinterverfahren 33
5 Untersuchungen zur Oxidation des $ZrSi_2$ 35
6 Charakterisierungsmethoden 37
   6.1 Übersicht 37
   6.2 Physikalisch-Chemische Methoden 38
   6.3 Mechanische Charakterisierung 41

ERGEBNISSE   45

7 Das System AlSi44-Al_2O_3 47
   7.1 Herstellung der Keramiken 47
   7.2 Eigenschaften der Keramiken 51
8 Das System $ZrSi_2$-ZrO_2 55
   8.1 Grundlegende Untersuchungen 55
      8.1.1 Festlegung des Herstellungsverfahrens 55
      8.1.2 Charakterisierung der Edukte 58
      8.1.3 Untersuchungen zur Oxidation des $ZrSi_2$ 65

8.2 Herstellung der Keramiken ... 71
   8.2.1 Pulveraufbereitung ... 71
   8.2.2 Formgebung ... 75
   8.2.3 Temperaturführung ... 78
8.3 Untersuchung des Reaktionssinterverfahrens ... 81
   8.3.1 Thermische Analyse ... 81
   8.3.2 Quecksilber-Porosimetrie ... 84
   8.3.3 Röntgendiffraktometrie ... 85
   8.3.4 Gefüge ... 86
8.4 Charakterisierung der Keramiken ... 88
   8.4.1 Physikalische und chemische Eigenschaften ... 88
   8.4.2 Dichte und Porosität ... 91
   8.4.3 Mechanische Eigenschaften ... 93
8.5 Sinterschrumpf-Betrachtungen ... 99
   8.5.1 Grundlegende Berechnungen ... 99
   8.5.2 Experimentelle Ergebnisse ... 101
   8.5.3 Korrektur des Modells ... 103
   8.5.4 Einfluß des Formgebungsverfahrens auf den Schrumpfungsprozeß ... 106
8.6 Einfache „Bauteile" ... 108

SCHLUßFOLGERUNGEN   113

ANHANG   A 1

A Literatur ... A 3
B Verwendete Abkürzungen und Symbole ... A 9
C Ableitung einiger verwendeter Gleichungen ... A 11
D Tabellenanhang ... A 15
E Ergänzende Abbildungen ... A 17

Einleitung

1 Einführung in das Themengebiet

Keramische Hochleistungswerkstoffe gewinnen in der Technik immer mehr an Bedeutung. Dabei werden zwei Typen von Keramiken unterschieden. Dies sind zum einen die *Funktionskeramiken*, die sich durch besondere physikalische Eigenschaften auszeichnen. Hierzu zählen beispielsweise die Piezokeramiken oder die keramischen Hochtemperatursupraleiter. Von diesen zu unterscheiden sind zum andern die *Strukturkeramiken*, die einige herausragende Eigenschaften, wie z.B. eine hohe thermische und chemische Beständigkeit, besitzen. Diese modernen Strukturkeramiken, die auch aufgrund ihrer mechanischen Belastbarkeit für viele Anwendungsfelder geeignet sind, ersetzen in verstärktem Maße metallische Werkstoffe. Neben dem Einsatz im klassischen Maschinenbau finden Strukturkeramiken auch vermehrt Verwendung in der Implantologie und in der Dentaltechnik. Tabelle 1-1 gibt einen Überblick über moderne Hochleistungskeramiken mit einigen Anwendungsbeispielen.

Tabelle 1-1: Moderne Hochleistungskeramiken und ihre Anwendungen

Keramik	Eigenschaften	Anwendungsbeispiel
Strukturkeramik	allgemein hohe:	
ZrO_2	• Festigkeit	Schneid- und Mahlwerkzeuge
Al_2O_3	• Rißzähigkeit	Brücken und Kronen für Dentaltechnik
Si_3N_4	• Verschleißfestigkeit	Hochtemperaturgasturbinen
Funktionskeramik		
SnO_2	elektrische Leitfähigkeit	Gassensoren
$Pb(Zr, Ti)O_3$	Piezoelektrizität	Ultraschallsensoren
$YBa_2Cu_3O_{7-x}$	Supraleitfähigkeit	Hochleistungsmagneten

Ein neues Anwendungsfeld der Keramiken stellt die Mikrosystemtechnik [MENZ97] dar. Diese steckt derzeit, die industrielle Anwendung betreffend, noch in den Anfängen. In den nächsten Jahren wird jedoch mit einer wachsenden Bedeutung dieser neuen Technologie gerechnet. Mögliche Anwendungsfelder reichen von der Umwelttechnik (z.B. miniaturisierte chemische Sensoren und Spektrometer) bis hin zur Medizintechnik (z.B. Implantate und Geräte für die minimal-invasive Therapie). Allerdings ist die Materialpalette für die Mikrobauteile derzeit noch sehr eingeschränkt. Das am besten untersuchte Material ist hierbei das Silicium, das bereits aus der Mikroelektronik bekannt ist. Da die Mikrosystemtechnik wesentlich höhere Anforderungen an die Bauteile stellt als die Mikroelektronik, mußten hierfür neue Strukturierungs- und Formgebungsmethoden, wie etwa das LIGA-Verfahren [BECKER86, BECKER88], entwickelt werden. Zur Materialpalette innerhalb der Mikrosystemtechnik zählen neben dem Silicium auch Metalle, wie z.b. Nickel, Gold oder Titan, sowie einige Kunststoffe [NÖKER92], wie beispielsweise Polymethylmethacrylat (PMMA) oder Polyoxymethylen (POM). Für viele Anwendungen sind diese Werkstoffe nicht oder nur bedingt einsetzbar. Für die Vielzahl neuer Anwendungsfelder in der Mikrotechnik sind deshalb neue, den jeweiligen Erfordernissen angepaßte Werkstoffe unabdingbar. Die Suche und Entwicklung dieser Werkstoffe ist somit zu einem neuen Gebiet der Materialwissenschaften geworden [HAUBELT95]. Keramiken haben hier bislang nur einen sehr begrenzten Einsatz erfahren. Zu erwähnen sind die Anwendungen in Form von Schichten, wie z.b. die organisch modifizierten Keramiken (ORMOCERE) [POPALL91] oder Keramik/Metall/Polymer-Verbundwerkstoffe [RÜPPEL91]. Daneben gibt es auch erste Erfahrungen bei der Herstellung vollkeramischer Bauteile. Diese können sowohl über typische Pulververfahren [RITZHAUPT95] als auch über polymere Precursoren [FREIMUTH96] hergestellt werden.

Bei den meisten Verfahren zur Herstellung von Keramiken werden die Bauteile über die Zwischenstufe eines porösen Formkörpers mit geringer Festigkeit hergestellt. Für diese Zwischenstufe wird ein Keramikpulver mit organischen Additiven, den sogenannten Bindern, versetzt und zum Formkörper verdichtet. Dieser Binder hat zum einen die Aufgabe, die Stabilität des Grünkörpers zu erhöhen und dient damit als „Klebstoff" für die keramischen Pulverpartikel. Zum andern erleichtert der Binder auch die Herstellung des Formkörpers, indem er das Fließverhalten des Pulvers bei der Verarbeitung verbessert. Der so erhaltene Grünkörper wird nach dem Ausbrand der organischen Bestandteile zu einem dichten, mechanisch festen Körper gesintert. Die bei diesem Sintervorgang auftretende Schrumpfung hängt sowohl von der Porosität des Grün- und Sinterkörpers als auch vom Anteil des Binders ab. Der lineare Schrumpf der Formkörper liegt üblicherweise im Bereich von bis zu 20 %. Zwar kann man die eintretende Schrumpfung durch einen entsprechenden Vorhalt (Übermaß) im Werkzeug kompensieren, eine Nachbearbeitung bleibt i.a. trotzdem unumgänglich. Die mechanische Nachbearbeitung der gesinterten Bauteile ist v.a. bei sehr kleinen Abmessungen jedoch nur schwer zu realisieren. Dies führt bei den konventionellen Herstellungsverfahren zu einer generellen Beschränkung des Einsatzes von Keramiken innerhalb der Mikrosystemtechnik.

Damit Strukturkeramiken auch in der Mikrosystemtechnik eingesetzt werden können, müssen Verfahren entwickelt werden, die es ermöglichen, unter anderem den Sinterschrumpf der Bauteile zu minimieren. Hierfür gibt es mehrere Ansätze:

   ○ Verminderung der Porosität der Grünkörper durch eine geeignete Partikelgrößenverteilung der eingesetzten keramischen Pulver

- Herstellung poröser Keramiken, die anschließend durch Infiltrierungsprozesse mechanisch stabilisiert werden
- Verwendung eines Binders mit einer hohen keramischen Ausbeute (*low loss binder*)
- Ausgleich des Sinterschrumpfes durch Komponenten, die dem Grünkörper beigemischt werden und ihr Volumen im Laufe des Herstellungsverfahrens vergrößern

Diese Verfahren werden, mit Ausnahme des ersten, unter dem Stichwort *reaction bonding* (RB-) oder auch Reaktionssinterverfahren zusammengefaßt. Allen diesen RB-Verfahren ist gemeinsam, daß dem eigentlichen Sinterprozeß ein weiterer Reaktionsschritt vor- oder nachgeschaltet ist. Im folgenden wird ein kurzer Überblick zum Stand der Forschung über die vier genannten Möglichkeiten zur Minimierung des Sinterschrumpfes gegeben.

Erzielung einer minimalen Porosität im Grünkörper

Durch eine geschickte Partikelgrößenverteilung läßt sich die Porosität eines Grünkörpers minimieren [WOODARD93], wie am Beispiel einer Kugelpackung erläutert werden kann. Dabei müssen die Zwischenräume, d.h. Oktaeder- und Tetraederlücken, einer dichtesten Kugelpackung durch entsprechend kleinere Partikel aufgefüllt werden. Die hierfür nötige Partikelgrößenverteilung kann somit unter der Annahme kugelförmiger Partikel berechnet werden. Die Herstellung entsprechender Pulver und die weitere Verarbeitung zu Formkörpern gestaltet sich jedoch äußerst schwierig und zeitaufwendig.

Infiltrationskeramiken

Die Infiltration poröser Keramiken ist bereits für die Herstellung endformnaher SiC-Bauteile (RBSC, **r**eaction **b**onded **s**ilicon **c**arbide) seit längerem bekannt und gut untersucht [HILLIG75, FITZER86, HOZER95]. Die Infiltration erfolgt über die Gas- oder Schmelzphase geeigneter Verbindungen. So wird z.B. RBSC gemäß der folgenden Reaktion über die Infiltration fester(s), poröser SiC/C-Composites mit flüssigem(l) Silicium hergestellt:

$$SiC/C(s) + Si(l) \rightarrow SiC$$

Auf diese Weise entsteht je nachdem, wie groß das Verhältnis C(s)/Si(l) ist, am Ende reines SiC oder ein SiC/Si-Composite. Auf ähnliche Weise läuft die Herstellung metall-infiltrierter Si_3N_4-Keramiken (RBSN, **r**eaction **b**ondend **s**ilicon **n**itride) ab [TRAVITZKY92, SCHOLZ92]. Auch die Infiltration über wäßrige und metallische Precursoren zur Herstellung von Keramiken bzw. Composites auf Al_2O_3- und SiO_2-Basis wird in der Literatur beschrieben [MARPLE89, LEQUEUX95, FAHRENHOLTZ96, HONEYMAN96].

Einsatz von low loss bindern

Eine weitere Methode den Sinterschrumpf von Keramiken zu minimieren ist der Einsatz von polymeren Keramikprecursoren anstelle der rein organischen Bindersysteme bei der Herstellung der Formkörper [SCHWARTZ86]. Diese sogenannten *low loss binder* verbrennen nicht komplett bei der Pyrolyse, sondern es bleibt ein keramischer Rückstand erhalten, der ein Teil der späteren Keramik ist. Der Einsatz dieser Binder, die hauptsächlich aus Polymeren auf Silicium-Basis bestehen, bietet sich an, falls hohe Anteile eines Binders aufgrund des Formgebungsverfahrens nötig sind. Neben den siliciumhaltigen Polymeren werden auch borhaltige Verbindungen als polymere Precursoren verwendet [YAJIMA77, WALKER83]. Auf diese Weise sind silicium- und borhaltige Keramiken zugänglich.

Die *low loss binder* lassen sich allgemein der Klasse der polymeren Precursoren zur Herstellung von Keramiken zuordnen. Ein allgemeiner Überblick über polymere Precursoren findet sich bei [SEYFERTH91] und [SEYFERTH92]. Diese Precursoren werden nur in geringem Maße als Binder sondern überwiegend als eigentliches Vorlaufmaterial zur Herstellung keramischer Körper eingesetzt. Nahezu alle Verfahren zur Herstellung keramischer Formkörper aus polymeren Precursoren sind auf Carbid- und Nitrid-Keramiken beschränkt, die großteils über Polysilane, Polysilazane und Polycarbosilane hergestellt werden. Die Herstellung mikrostrukturierter Bauteile ist auf diese Weise bereits gelungen [BRÜCK94, FREIMUTH96]. Auch der Einsatz von Polysilsesquioxanen zur Herstellung von SiC-Keramiken wird bei [HURWITZ87] beschrieben.

Kompensation des Sinterschrumpfes

Der Ausgleich des Sinterschrumpfes durch die Volumenzunahme, die eine oder mehrere Komponenten im Grünkörper im Laufe des *reaction bonding* Prozesses erfahren, ist eine geläufige Methode zur Minimierung des Sinterschrumpfes. Das typische Verfahren hierzu ist die Herstellung von Si_3N_4 durch die Nitridierung von Formkörpern aus Silicium gemäß:

$$3\,Si + 2\,N_2 \rightarrow Si_3N_4$$

Durch eine geeignete Wahl der Ausgangsverbindungen sind auf diese Weise nahezu alle gewünschten Keramiken denkbar. Ausgangspunkt für die Herstellung sind dabei neben Silicium Metalle bzw. metallhaltige Verbindungen, die unter der entsprechenden Gasatmosphäre zur gewünschten Keramik umgesetzt werden. Abbildung 1-1 zeigt die Fülle der Verbindungen, die hierdurch prinzipiell zugänglich sind. Darüber hinaus sind auf diesem Weg sowohl Mischkeramiken als auch Metall/Keramik-Verbundwerkstoffe herstellbar. Auf die Herstellung von Nichtoxidkeramiken soll im folgenden nicht weiter eingegangen werden.

1 Einführung in das Themengebiet

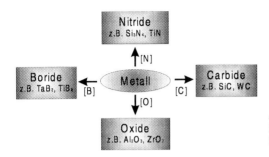

Abbildung 1-1:
Durch *reaction bonding* aus Metallen zugängliche Keramiken

Die Herstellung oxidkeramischer Formkörper über die Oxidation von Metallen bzw. intermetallischer Verbindungen wurde bislang lediglich im Falle des Al_2O_3 ausgiebig untersucht. Ausgangspunkt dieses RBAO-Verfahrens (*reaction bonded aluminium oxide*) zur Herstellung der Keramiken sind in erster Linie Grünkörper, die aus Al_2O_3 und Aluminium bestehen [CLAUSSEN89, CLAUSSEN90, WU93]. Diese Formkörper werden im Laufe der Temperaturbehandlung zur Oxidkeramik umgesetzt. Durch Verwendung anderer Edukte sind mittels dieses Verfahrens auch Keramiken auf Mullitbasis zugänglich [WU91, HOLZ96]. Darüber hinaus läßt sich eine Verbesserung der mechanischen Eigenschaften dieser RBAO-Keramiken beispielsweise durch Partikelverstärkung erzielen [NISCHIK91, SCHEPPOKAT96]. Mit einem ähnlichen Verfahren erfolgt die Herstellung von Al_2O_3/ZrO_2-Keramiken [ZHANG96].

Kombinierte Verfahren

Der Sinterschrumpf von Keramiken läßt sich ebenfalls durch Kombinationen der genannten *reaction bonding* Verfahren minimieren. Eine Möglichkeit, mit der eine Vielzahl an Keramiken und Herstellungsverfahren zugänglich ist, stellt die Kombination von polymeren Precursoren mit inerten oder aktiven Füllstoffen dar („gefüllte Polymere"). Dies hat den Vorteil, daß die auf Pulverprozessen beruhenden Formgebungsverfahren für keramische Teile durch die breite Palette an Abformverfahren für Kunststoffe ergänzt werden können.

Das Gebiet der **polymeren Precursoren mit inerten Füllstoffen** ist eine Ergänzung des bereits oben besprochenen Einsatzes von *low loss bindern*. Dabei wird im Sprachgebrauch formal unterschieden zwischen:

- geringer Polymeranteil ⇒ keramisches Pulver + low loss binder
- hoher Polymeranteil ⇒ polymerer Keramikprecursor + inerter Füller

Im ersten Fall dient das Polymer lediglich als Binder für das Keramikpulver, im zweiten Fall hingegen sorgt der inerte Füllstoff für eine Verminderung der Schrumpfung beim Übergang vom Polymer zur Keramik. In beiden Fällen kann der Sinterschrumpf lediglich minimiert und nicht komplett vermieden werden. Neue Herstellungsverfahren für keramische Bauteile, wie etwa der Keramische Spritzguß (*ceramic injection moulding*, CIM), sind durch die Verwendung polymerer Precursoren zugänglich. Dies wurde bereits anhand der Herstellung spritzgegossener SiC-Teile demonstriert [ZHANG95].

Die Kombination von **polymeren Precursoren mit aktiven Füllstoffen** bietet wesentlich mehr Variationsmöglichkeiten als die Kombination mit inerten Füllern. Außerdem ist prinzipiell die Kompensation des Sinterschrumpfes durch die Volumenvergrößerung der aktiven Komponente im Laufe des Reaktionssinterverfahrens erzielbar. Bisher ist das sich bietende weite Feld nur in sehr geringem Maße und auch nur bei den Nichtoxidkeramiken erforscht. Dies kann auf die Schwierigkeiten bei der thermischen Behandlung der Formkörper zurückgeführt werden, da neben der Pyrolyse des polymeren Precursors auch die Umsetzung des Füllstoffes zur Keramik zu berücksichtigen ist. Nahezu alle Arbeiten beruhen bei diesem Verfahren auf folgendem Prinzip:

$$\text{siliciumhaltiges Polymer + Metall} \xrightarrow{\text{Reaktionsgas}} \text{Silicium/Metall-Nichtoxidkeramik}$$

wie es erstmals von [SEIBOLD91] (*active filler controlled pyrolysis*, AFCOP-Verfahren) beschrieben wurde. Gute Übersichtsbeiträge zu diesem Verfahren finden sich bei [GREIL92] und [SEIBOLD93]. Wie im Falle der polymeren Precursoren mit inerten Füllstoffen liegen auch hier erste Erfahrungen mit CIM vor [WALTER96].

2 Aufgabenstellung und Zielsetzung

Im Rahmen der vorliegenden Arbeit soll ein Verfahren zur Herstellung oxidkeramischer Mikroformteile mit minimiertem Sinterschrumpf entwickelt werden.

Ausgangspunkt des zu entwickelnden Verfahrens ist die Kompensation des Sinterschrumpfes durch die bei der Oxidation intermetallischer Verbindungen oder Legierungen auftretende Volumenzunahme. Von entscheidender Bedeutung ist hierbei die Auswahl geeigneter Edukte, d.h. der reaktiven und inerten Komponente sowie des Binders, und die darauf abgestimmte Entwicklung des *reaction bonding* Verfahrens. Neben der Minimierung des Sinterschrumpfes kommt außerdem den mechanischen Eigenschaften der gesinterten Keramiken große Bedeutung zu. Ziel des zu entwickelnden Verfahrens ist die Herstellung einfacher Bauteile, die sich durch folgende Eigenschaften auszeichnen:

- Sinterschrumpf: ± 0
- Festigkeit: 200 - 300 MPa
- Rißzähigkeit: 2 - 3 MPa$\sqrt{m}$

Zudem soll durch die Wahl des Formgebungsverfahrens der Zugang zu komplex strukturierten Bauteilen, wie sie die Mikrosystemtechnik erfordert, ermöglicht werden. Bei der Wahl des Abformverfahrens, die v.a. durch die Art des Bindersystems beeinflußt wird, sollen des weiteren folgende Gesichtspunkte berücksichtigt werden:

- einfacher und kostengünstiger Prozeß
- Anforderungen an die Bauteilgeometrie durch die Mikrosystemtechnik
- Serienfertigung

Als mögliche Abformverfahren bieten sich hierfür der Keramische Spritzguß (CIM, [EDIRISINGHE91]), das Heißgießen [LENK95] oder auch der Schlickerguß bzw. das Schlickerpressen [BAUER96] an. Dies sind jedoch komplexe Verfahren, die sich im Bereich der Herstellung mikrostrukturierter Bauteile noch in der Entwicklung befinden. Da der Schwerpunkt der Arbeit in der Minimierung bzw. Kompensation des Sinterschrumpfes liegt, soll zunächst auf ein einfacheres Formgebungsverfahren, wie z.B. das Trockenpressen, zurückgegriffen werden. Zudem soll geprüft werden, ob das zu entwickelnde Verfahren auch auf ein wirtschaftliches Abformverfahren übertragbar ist.

3 Grundlegende Betrachtungen

Im Rahmen dieses Kapitels werden zunächst die mathematischen Grundlagen zur Kompensation des Sinterschrumpfes diskutiert. Eine exemplarische Berechnung der Anfangszusammensetzung erfolgt später in Kapitel 8.5.1. Im Anschluß an die mathematischen Betrachtungen werden grundlegende Überlegungen angestellt, welche Stoffsysteme zur Lösung der zu bearbeitenden Aufgabe beitragen können (Kapitel 3.2). In einem weiteren Schritt (Kapitel 8.3 und 8.4) werden die thermodynamischen und kinetischen Grundlagen hierzu kurz beschrieben.

3.1 Mathematische Betrachtungen zum Sinterschrumpf

3.1.1 Sinterschrumpf

Der Sinterschrumpf von Formkörpern kann, sofern die erzielte Gründichte und Sinterdichte bekannt sind, berechnet werden. Für Grünkörper, die keine Komponenten enthalten, die ihre Masse oder Volumen während des Sinterprozesses aufgrund einer chemischen Reaktion oder Phasenumwandlung ändern, ist die gesamte relative Volumenänderung $\Delta \tilde{V}$ [–] gegeben zu:

$$\Delta \tilde{V} = \frac{V_{Ende} - V_0}{V_0} = \frac{\tilde{\rho}_{grün}}{\tilde{\rho}_{Sinter}} - 1 \qquad \text{Gl. 3-1}$$

mit V_{Ende}: Volumen des Körpers nach dem Sintern [cm^3]
 V_0: Volumen des Grünkörpers [cm^3]
 $\tilde{\rho}_{Sinter}$: relative Dichte des Grünkörpers [% theoretischer Dichte (kurz: % TD)]
 $\tilde{\rho}_{Sinter}$: relative Dichte der gesinterten Keramik [% TD]

Die relative Grün- bzw. Sinterdichte sind dabei wie folgt definiert:

$$\tilde{\rho}_{grün} = \rho_{grün}/\rho_{grün, th.} \qquad \text{Gl. 3-1a}$$

bzw.:
$$\tilde{\rho}_{Sinter} = \rho_{Sinter}/\rho_{Sinter, th.} \qquad \text{Gl. 3-1b}$$

mit $\rho_{grün}$: Gründichte [g/cm^3]
 $\rho_{grün, th.}$: theoretische Gründichte [g/cm^3]
 ρ_{Sinter}: Sinterdichte [g/cm^3]
 $\rho_{Sinter, th.}$: theoretische Sinterdichte [g/cm^3]

Die Porosität P [-] und die relative Dichte $\tilde{\rho}$ eines Körpers sind direkt miteinander verknüpft und es gilt:

$$P = 1 - \tilde{\rho} \qquad \text{Gl. 3-2}$$

Aus Gleichung 3-1 ergibt sich der lineare Sinterschrumpf S [–] zu (s. Anhang C):

$$S = \sqrt[3]{\frac{\tilde{\rho}_{grün}}{\tilde{\rho}_{Sinter}}} - 1 \qquad \text{Gl. 3-3}$$

In Anwesenheit von einer oder mehrerer Komponenten i, die im Laufe des Prozesses eine relative Volumenänderung von $\Delta\tilde{V}_i$ erfahren, muß dieser Einfluß ebenfalls berücksichtigt werden. Aus Gleichung 3-3 ergibt sich durch Einfügen eines Zusatzterms, der diese Volumenänderungen berücksichtigt, für den linearen Sinterschrumpf (s. Anhang C) folgende Beziehung:

$$S = \sqrt[3]{(1 + \sum_i \tilde{V}_i \Delta\tilde{V}_i)\frac{\tilde{\rho}_{grün}}{\tilde{\rho}_{Sinter}}} - 1 \qquad \text{Gl. 3-4}$$

mit $\tilde{V}_i$: Volumenanteil der Komponente i im Ausgangsmaterial [–]

Für die gesamte Volumenänderung $\Delta \tilde{V}$ des Formkörpers gilt entsprechend:

$$\Delta\tilde{V} = (1 + \sum_i \tilde{V}_i \Delta\tilde{V}_i)\frac{\tilde{\rho}_{grün}}{\tilde{\rho}_{Sinter}} - 1 \qquad \text{Gl. 3-4a}$$

Zur Abschätzung des auftretenden Sinterschrumpfes müssen demzufolge die relativen Volumenänderungen $\Delta\tilde{V}_i$ der Einzelkomponenten und die theoretischen Dichtewerte von Grün- und Sinterkörper bekannt sein.

Enthält das Ausgangsmaterial neben inerten Komponenten lediglich eine Komponente A, die ihr Volumen ändert (d.h. z.B. vergrößert, $\Delta\tilde{V}_A > 0$), so ist der lineare Schrumpf genau dann gleich null (d.h. in Gleichung 3-4 ist $S \equiv 0$ zu setzen), falls folgende Bedingung erfüllt ist:

$$\tilde{V}_A = \frac{\tilde{\rho}_{Sinter}/\tilde{\rho}_{grün} - 1}{\Delta\tilde{V}_A} \qquad \text{Gl. 3-5}$$

3.1.2 Berechnung theoretischer Dichtewerte von Körpern

Die theoretische Dichte $\bar{\rho}$ eines Formkörpers, der aus i Komponenten besteht, berechnet sich aus den jeweiligen Dichten ρ_i [g/cm^3] der Einzelkomponenten, gewichtet mit dem jeweiligen Volumenanteil $\tilde{V}_i$:

$$\bar{\rho} = \sum_i \tilde{V}_i \cdot \rho_i \qquad \text{Gl. 3-6}$$

Dabei wird angenommen, daß es sich um einen nicht-porösen Formkörper handelt.

Der Volumenanteil einer Mischung läßt sich aus den Massen- und Stoffmengenanteilen wie folgt berechnen:

3 Grundlegende Betrachtungen

$$\tilde{V}_i = \frac{\tilde{m}_i / \rho_i}{\sum_k \tilde{m}_k / \rho_k} \qquad \text{Gl. 3-7}$$

bzw.:
$$\tilde{V}_i = \frac{\tilde{n}_i \cdot M_i / \rho_i}{\sum_k \tilde{n}_k \cdot M_k / \rho_k} \qquad \text{Gl. 3-8}$$

mit $\tilde{m}_i$: Massenanteil der Komponente i in der Mischung [–]
$\tilde{n}_i$: Stoffmengenanteil (Molenbruch) der Komponente i in der Mischung [–]
M_i: Molmasse der Komponente i [g/mol]

Zur Berechnung der theoretischen Dichte einer Mischung müssen die jeweiligen Dichten der Komponenten sowie deren Anteil im Formkörper bekannt sein.

3.1.3 Berechnung theoretischer Volumenänderungen

Die Volumenänderung, die eine Substanz bei einer Reaktion erfährt, kann exakt vorhergesagt werden, sofern Molmasse und Dichte des Eduktes und der Produkte bekannt sind. Die relative theoretische Volumenzunahme $\Delta\tilde{V}_{Edukt}$ [–] ist wiederum definiert als

$$\Delta\tilde{V}_{Edukt} = \frac{V_{Produkte} - V_{Edukt}}{V_{Edukt}} \qquad \text{Gl. 3-9}$$

und läßt sich mit Hilfe der Stoffkonstanten berechnen zu:

$$\Delta\tilde{V}_{Edukt} = \frac{\rho_{Edukt} \cdot \sum_i a_{i, Produkt} \cdot M_{i, Produkt}}{M_{Edukt} \cdot \sum_i \tilde{V}_{i, Produkt} \cdot \rho_{i, Produkt}} - 1 \qquad \text{Gl. 3-10}$$

mit $a_{i, Produkt}$: stöchiometrischer Koeffizient des Produktes i für die gegebene Reaktion, wobei $a_{Edukt} = 1$ zu setzen ist

Sind die Molmassen von Edukt und/oder Produkten nicht bekannt, wie es z.B. im Falle der Pyrolyse der *low loss binder* möglich ist, kann die folgende Gleichung in Anlehnung an [GREIL92] zur Berechnung der Volumenänderung herangezogen werden:

$$\Delta\tilde{V}_{Edukt} = \alpha_{ker.} \cdot \beta - 1 \qquad \text{Gl. 3-11}$$

mit $\alpha_{ker.} = m_{Produkte} / m_{Edukt}$ [–]
$\beta = \rho_{Edukt} / \rho_{Produkte}$ [–]
$\rho_{Produkte}$: mittlere theoretische Dichte der Produkte [g/cm^3]

Die keramische Ausbeute $\alpha_{ker.}$ muß experimentell bestimmt werden, während sich das Dichteverhältnis β berechnen läßt, sofern die theoretischen Dichten bekannt sind.

3.2 Die Edukte und deren Auswahl

3.2.1 Die reaktive und inerte Komponente

Die Kompensation des Sinterschrumpfes erfolgt, wie bereits eingangs erläutert, durch eine Komponente im Grünkörper, welche ihr Volumen im Laufe des Prozesses vergrößert. Da eine Keramik mit guten mechanischen Eigenschaften, d.h. vor allem mit einer hohen Festigkeit und großen Rißzähigkeit, erwünscht ist, beschränkt sich die Auswahl der reaktiven Komponente auf wenige Verbindungen.

Nahezu alle oxidischen Hochleistungskeramiken beruhen auf Al_2O_3- oder ZrO_2-Keramiken. Damit sind für die **reaktive Komponente** neben den reinen Metallen die intermetallischen Verbindungen und Legierungen des Zirkoniums und Aluminiums die Ausgangsverbindungen der Wahl. Im Vergleich zu den Metallen sind insbesondere die Silicide deutlich oxidationsstabiler. Durch den Einsatz der Silicide kann deshalb einer vorzeitigen Oxidation im Laufe der Pulveraufbereitung (wie z.b. beim RBAO-Verfahren, [HOLZ94]) - und somit einer Verringerung der aktiven, volumenvergrößernden Komponente - vorgebeugt werden. Zudem läßt sich der Oxidationsprozeß besser steuern und zudem ist die relative Volumenänderung, von z.B. $ZrSi_2$, deutlich höher als diejenige vieler Metalle (s. Tabelle 3-1). Der Anteil an der volumenvergrößernden Komponente kann daher vergleichsweise gering gehalten werden.

Tabelle 3-1: Relative Volumenvergrößerung[*] einiger Verbindungen bei Oxidation

Reaktion	relative Volumenzunahme [%]
$Al + ¾ O_2 \rightarrow ½ Al_2O_3$	28
$Ti + O_2 \rightarrow TiO_2$	49
$Zr + O_2 \rightarrow ZrO_2$	76
$ZrSi_2 + 3 O_2 \rightarrow ZrSiO_4 + SiO_2(q)$	106 (s. Tabelle 3-2)

[*] s. hierzu Gleichung 3-10; q: Quarz

Neben der reaktiven Komponente kann noch eine zusätzliche **inerte Komponente** dem Ausgangsmaterial beigemengt werden (s.u.). Im einfachsten Fall sind dies die entsprechenden Metalloxide, also z.B. Al_2O_3 bzw. ZrO_2. Unter oxidierenden Bedingungen können auf diese Weise aus geeigneten Mischungen Keramiken auf Mullitbasis ($3Al_2O_3*2SiO_2$) oder Keramiken auf der Basis von Zirkon ($ZrSiO_4$) hergestellt werden.

3.2.2 Der Binder

Neben der Auswahl der reaktiven Komponente kommt der Auswahl eines oder mehrerer Binder eine große Bedeutung zu. Wie eingangs erläutert, lassen sich dabei prinzipiell zwei Typen von Bindern unterscheiden. Zum einen sind dies die Binder, die bei der Pyrolyse vollständig ausgebrannt werden. Diese werden dann eingesetzt, wenn der Binderanteil, der zwangsläufig zu einer Verringerung der relativen Gründichte im entbinderten Formteil führt, gering gehalten werden kann. Ist jedoch aufgrund des Formgebungsverfahrens ein hoher Anteil an Binder im Grünkörper nötig, so können zum andern die *low loss binder* verwendet werden. Dies ist allerdings nur dann möglich, wenn der Gehalt an pyrolysiertem Binder im gesinterten Bauteil nicht störend ist.

Als mögliche Binder kommen einerseits die im Bereich der klassischen Pulverpreßverfahren eingesetzten Binder Polyvinylalkohol (PVA) und Polyethylenglycol (PEG) in Frage. Als *low loss binder* stehen andererseits die festen Polymere auf Silicium-Basis zur Verfügung, wie sie etwa die Polyalkylsilsesquioxane ($[SiRO_{1,5}]_n$) darstellen. Bei der Pyrolyse unter oxidierenden Bedingungen entsteht aus den Polysiloxanen SiO_2. Dabei ist die keramische Ausbeute, d.h. der mineralische Rückstand, um so größer, je kleiner der Alkylrest R ist. Als optimales Polymer bietet sich somit im Hinblick auf die keramische Ausbeute das Polymethylsilsesquioxan (PMSS) mit R = CH_3 an. Die Struktur des PMSS läßt sich üblicherweise als T-Netzwerk beschreiben. Übersichtlicher hingegen ist die hypothetische Darstellung als Leiterstruktur (Abbildung 3-1).

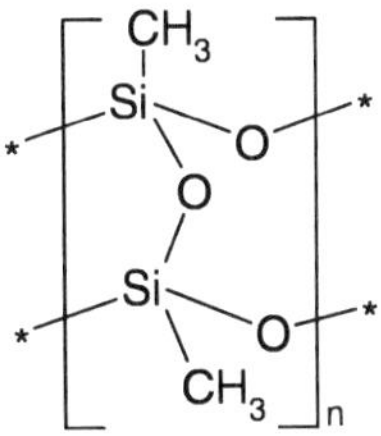

Abbildung 3-1: Hypothetische Leiterstruktur des PMSS

3.2.3 Schlußfolgerung

Die Auswahl des Stoffsystems, d.h. einer reaktiven Komponente, einem inerten Füllstoff sowie eines Binders, und eines geeigneten Formgebungsverfahrens hängt von folgenden Bedingungen ab:
- Erzielung eines Sinterschrumpfes von S = 0
- Herstellung einfacher Mikroformteile
- gute mechanische Eigenschaften der Keramik

Diese drei Bedingungen können nicht unabhängig voneinander betrachtet werden, sondern sind im Gegenteil stark miteinander gekoppelt. In Vorversuchen muß daher getestet werden, welches Materialsystem in Kombination mit welchem Abformverfahren sich am besten zur Herstellung schrumpfungsfreier Keramiken eignet.

Wie oben bereits kurz erwähnt, stehen zur Abformung prinzipiell zwei unterschiedliche Verfahren zur Verfügung, die sowohl die Herstellung feinstrukturierter Formkörper als auch die Möglichkeit zur Kleinserienproduktion gewährleisten. Dies ist zum einen der

- Schlickerguß (oder das Schlickerpressen bzw. die Zentrifugalabformung)
  - ◆ Verwendung „klassischer" Binder
  - ◆ Abformung über einen wäßrigen Schlicker

und zum andern der

- Keramische Spritzguß (bzw. das Heißgießen)
  - ◆ Verwendung eines *low loss binders*
  - ◆ Abformung von „gefüllten Polymeren"

Die Entwicklung eines Reaktionssinterverfahrens zur Herstellung schrumpfungsfreier Keramiken muß unter der Randbedingung erfolgen, daß eines dieser beiden Abformverfahren am Ende zu einer wirtschaftlichen Nutzung des Verfahrens herangezogen werden kann.

Aufgrund der erwünschten guten mechanischen Eigenschaften der Keramiken sollen im Rahmen dieser Arbeit deshalb die Systeme

- $AlSi_x$-Al_2O_3
- $ZrSi_x$-ZrO_2

näher betrachtet werden. Sowohl für die Zirkon- als auch die Mullit-Keramiken sollten sich die geforderten Festigkeiten erzielen lassen. Sowohl im System Al-Si als auch im System Zr-Si wird jeweils eine intermetallische Verbindung oder Legierung als reaktive Komponente ausgewählt. Dieser reaktiven Komponente kommt die Aufgabe zu, den Sinterschrumpf zu minimieren. Die inerte Komponente dient dazu, die mechanischen Eigenschaften weiter zu verbessern. Für diese beiden Systeme werden sowohl die Binder PVA/PEG als auch PMSS auf ihre Eignung hin untersucht. Da das System Zr-Si-O jedoch einige Vorteile gegenüber dem System Al-Si-O (s. Kapitel 7 bzw. 8) aufweist, liegt der Schwerpunkt der Arbeit in der Untersuchung und Beschreibung des Verfahrens zur Herstellung von $ZrSiO_4$-Keramiken.

3.3 Beschreibung der Stoffsysteme

3.3.1 Das System AlSi44-Al$_2$O$_3$

Das System Al-Si und Al-Si-O

Das System Al-Si ist seit langem bekannt und gut untersucht. Die Ergebnisse der einzelnen Untersuchungen entsprechen sich weitgehend [MURRAY84]. In diesem eutektischen System wird keine Verbindungsbildung beobachtet. Im festen Zustand ist die Löslichkeit von Silicium in Aluminium sehr gering, und Aluminium ist in Silicium nahezu unlöslich. Im geschmolzenen Zustand sind sie hingegen beliebig mischbar. Abbildung 3-2 zeigt ein Phasendiagramm dieses Systems.

Das eutektische Gemisch besteht zu 11,3 Atom-% aus Silicium und schmilzt bei einer Temperatur von 577 °C. In einer Schmelze mit einem höheren Anteil an Silicium kristallisiert, bis die Zusammensetzung des Eutektikums erreicht ist, Silicium aus. Das AlSi44 (d.h. 44 Gewichts-% Silicium) ist eine kommerziell erhältliche Legierung in diesem System und weist einen Atomverhältnis Al/Si von 4/3 auf. Zur Untersuchung des Systems Al-Si-Al$_2$O$_3$ wird diese Legierung als reaktive Komponente eingesetzt.

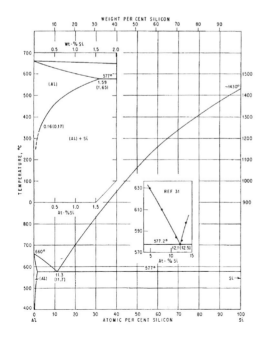

Abbildung 3-2:

Phasendiagramm des Systems Al-Si [GWYER26]

Über das Oxidationsverhalten des Systems Al-Si an Luft ist nur wenig bekannt. Da bereits bei vergleichsweise niedrigen Temperaturen die Legierung zu schmelzen beginnt, wird die Oxidation überwiegend durch das Verhalten der Schmelzphase und somit der reinen Metalle bestimmt. An dieser Stelle soll auf das Oxidationsverhalten der Metalle nicht näher eingegangen werden, da dies sehr gut untersucht ist [DEAL65, WRIEDT85, WRIEDT90].

Das System Al_2O_3-SiO_2

Das System Al_2O_3-SiO_2 ist ebenfalls seit langem sehr gut untersucht. Das entsprechende Phasendiagramm zeigt Abbildung 3-3.

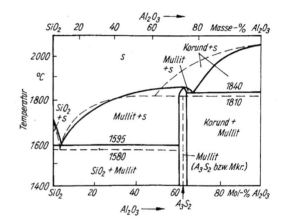

Abbildung 3-3:

Phasendiagramm im System Al_2O_3-SiO_2 [PETZOLD92]

Al_2O_3 und SiO_2 bilden die bei Raumtemperatur stabile Verbindung des orthorhombischen Mullits. Dieser Mischkristall weist im Idealfall die Zusammensetzung $3Al_2O_3*2SiO_2$ auf und schmilzt bei 1850 °C kongruent. Bei einem höheren bzw. niedrigeren Gehalt an Al_2O_3 liegt daneben freies Al_2O_3 (als rhomboedrischer Korund) bzw. SiO_2 vor. Das SiO_2 liegt im festen Zustand je nach Temperatur in vier verschiedenen Modifikationen vor:

$$\alpha\text{-Quarz} \xrightarrow{573°C} \beta\text{-Quarz} \xrightarrow{870°C} \beta\text{-Tridymit} \xrightarrow{1470°C} \beta\text{-Cristobalit}$$

Bei Raumtemperatur können auch der metastabile β-Tridymit bzw. β-Cristobalit beobachtet werden. Der kubische β-Cristobalit weist mit 2,2 g/cm^3 eine wesentlich geringere Dichte auf als der trigonale α-Quarz mit 2,6 g/cm^3. Dies ist insbesondere bei der Berechnung der theoretischen Dichte von großer Bedeutung (s. Kapitel 8.4.2).

3.3.2 Das System ZrSi$_2$-ZrO$_2$

Das System Zr-Si und Zr-Si-O

Im System Zr-Si sind mehrere Verbindungen bekannt (s. Anhang E, Abbildung E-1; [KOCHERZINSKII76, OKAMOTO90]). Neben dem Zirconiumdisilicid (ZrSi$_2$) existieren eine Reihe weiterer zirkoniumreicherer Verbindungen. Da diese zirkoniumreichen Silicide kommerziell nicht erhältlich sind, wird im Rahmen dieser Arbeit das ZrSi$_2$ eingesetzt.

ZrSi$_2$ kristallisiert orthorhombisch und besitzt die Punktgruppe Cmcm bzw. D_{2h}^{17} [SEYFARTH28]. Es unterliegt bei ca. 1620 °C einer peritektischen Zersetzung, bei der neben der Schmelze α-ZrSi entsteht [KOCHERZINSKII76].

Die Oxidation des ZrSi$_2$, wie auch der anderen Zirkoniumsilicide, ist bisher nur von wenigen Autoren untersucht worden. Laut [HÖNIGSCHMID06] verbrennt feingemahlenes ZrSi$_2$-Pulver lebhaft an Luft zu ZrO$_2$ und SiO$_2$. Bei der Oxidation an Luft von massiven ZrSi$_2$-Körpern entsteht gemäß [LAVRENKO91] zunächst eine Schicht von ZrO$_2$ mit eingelagertem SiO$_2$. Bei Temperaturerhöhung bildet sich daraus schließlich eine ZrSiO$_4$-Schicht, welche eine schwache Schutzschicht vor weiterer Oxidation darstellt. Dies wird durch [LAVRENKO85] und [VOITOVICH74] bestätigt. Laut [VOITOVICH74] liegt neben der äußeren Schicht eine innere Schicht vor, die neben ZrSi und Oxiden die Nitride und Oxynitride des Zirkoniums und Siliciums enthält.

[BEYERS86] beschreibt ein Phasendiagramm für das System Zr-Si-O, das anhand von Plausibilitätsbetrachtungen abgeleitet wurde. Genauere Messungen bzw. Rechnungen sind in der Literatur nicht bekannt. Abbildung 3-4 zeigt dieses Phasendiagramm im Bereich zwischen 700 und 1000 °C, in dem der Reaktionspfad eingezeichnet ist, der bei der Oxidation von ZrSi$_2$ formal durchlaufen wird. Mit fortschreitender Oxidation des ZrSi$_2$ bewegt man sich zunächst im Feld ZrSi$_2$-ZrO$_2$-Si bis alles ZrSi$_2$ abreagiert hat. Anhand der Betrachtung der Bildungsenthalpien der Oxide, ist diese Annahme berechtigt, wie ein Vergleich der Werte [HOLLEMANN85] zeigt:

$$Zr + O_2 \rightarrow ZrO_2 \qquad \Delta H^0 = -1101 \text{ kJ/mol}$$

$$Si + O_2 \rightarrow SiO_2 \qquad \Delta H^0 = -911 \text{ kJ/mol}$$

Im Bereich Si-ZrO$_2$-ZrSiO$_4$ wird das Silicium aufoxidiert und bildet zusammen mit ZrO$_2$ das ZrSiO$_4$. Nach Durchlaufen des Bereichs ZrSiO$_4$-Si-SiO$_2$, in welchem kein ZrO$_2$ mehr für die Bildung von ZrSiO$_4$ zur Verfügung steht, wird am Ende die Zusammensetzung ZrSiO$_4$/SiO$_2$ = 1/1 erhalten.

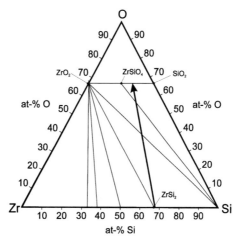

Abbildung 3-4: Phasendiagramm des Systems Zr-Si-O im Temperaturbereich von 700 - 1000 °C (in Anlehnung an [BEYERS86]), mit Reaktionspfad für die Oxidation von $ZrSi_2$

Das System ZrO_2-SiO_2

Das System ZrO_2-SiO_2 ist sehr gut untersucht. Erste Ergebnisse finden sich bei [WASHBURN20] und [KREIDL42]. Das erste Phasendiagramm für dieses System wird bei [CURTIS53] beschrieben. Demzufolge existiert im System ZrO_2-SiO_2 der bei Raumtemperatur stabile tetragonale Zirkon, der die Zusammensetzung $ZrSiO_4$ aufweist. Dieser beginnt sich laut [KREIDL42] bereits bei 1540 °C unterhalb der Soliduslinie in ZrO_2 und SiO_2 zu zersetzen. Daneben werden weitere Phasendiagramme diskutiert, die sich im wesentlichen nur in der peritektischen Zersetzungstemperatur des $ZrSiO_4$ unterscheiden. Abbildung 3-5 gibt ein Phasendiagramm wieder [BUTTERMANN67], das so von den meisten Autoren beschrieben wird. Tabelle 3-2 zeigt eine Zusammenfassung der Zersetzungstemperaturen. Wie das Phasendiagramm zeigt, liegt neben $ZrSiO_4$ bei einer SiO_2-reicheren bzw. -ärmeren Zusammensetzung freies SiO_2 bzw. ZrO_2 vor. Die dabei auftretenden Modifikationen des SiO_2 wurden bereits im vorangegangenen Kapitel besprochen. Das ZrO_2 liegt je nach Temperatur in drei Modifikationen vor:

$$\text{monoklin (m)} \xrightarrow{1170°C} \text{tetragonal (t)} \xrightarrow{2285°C} \text{kubisch (k)}$$

Das monokline ZrO_2 wandelt sich bei einer Temperatur von 1170 °C in tetragonales ZrO_2 um. Dies ist mit einer Volumenabnahme von ca. 3 - 5 Vol-% verknüpft. Bei einer Temperatur von 2285 °C wandelt sich die tetragonale in die kubische Modifikation um. Durch Dotierung mit anderen Oxiden, wie z.B. Y_2O_3 [SCOTT75, SRIVASTAVA74] oder MgO [GRAIN76], können diese Umwandlungstemperaturen verändert werden. Durch Dotierung mit etwa 2 - 9 mol-% Y_2O_3 liegen bei Raumtemperatur die monokline und kubische Phase des ZrO_2 im Gleichgewicht nebeneinander vor (teilstabilisiertes ZrO$_2$), die t/m-Umwandlung erfolgt bei etwa 550 °C. Bei noch höherem Y$_2$O$_3$-Anteil liegt bereits bei Raumtemperatur nur noch die kubische Modifikation vor (kubisch stabilisiertes ZrO$_2$).

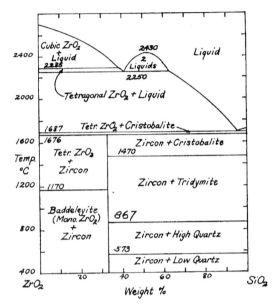

Abbildung 3-5:

Phasendiagramm des Systems ZrO$_2$-SiO$_2$ [BUTTERMANN67]

Tabelle 3-2: Zersetzungstemperaturen von ZrSiO$_4$

Quelle	Zersetzungstemperatur /°C
CURTIS53	1540
GELLER49	1775
BUTTERMANN67	1676

3.4 Kinetische Betrachtungen zur Oxidation

Die Oxidation der Silicide kann sowohl an den Pulvern als auch an kompakten Formkörpern untersucht werden. Im Falle der Pulver läßt sich eine Formalkinetik aufstellen, im Falle kompakter Formkörper ist außerdem die Modellierung der Oxidation möglich.

Formalkinetik

Grundlage zur Aufstellung einer Formalkinetik ist die Messung der spezifischen Massenänderung des Pulvers bei der Oxidation. Diese läßt sich mit folgendem Ansatz beschreiben:

$$(\Delta m_{spez.}(t))^n = kt \qquad \text{Gl. 3-12}$$

mit $\Delta m_{spez.}(t)$: beobachtete Massenänderung des Pulvers [mg/cm^2]
  n: reelle Zahl
  k: Geschwindigkeitskonstante [mg^n/(cm^{2n}·min)]
  t: Zeit [min]

Die spezifische Massenänderung läßt sich aus der experimentell bestimmten Massenänderung berechnen, sofern die Oberfläche der Pulver bekannt ist. Diese kann mit Hilfe der BET-Methode bestimmt werden. Aus der Messung von $\Delta m_{spez.}(t)$ bei verschiedenen Temperaturen lassen sich die kinetischen Daten der Reaktion bestimmen. Aus Gleichung 3-12 erhält man durch Logarithmieren und Umformen:

$$\log (\Delta m) = (1/n)\cdot\log k + (1/n)\cdot\log t \qquad \text{Gl. 3-13}$$

Durch Auftragen von log (Δm) gegen log t lassen sich daraus n und k bestimmen. Trägt man weiterhin ln k gegen 1/T auf, so erhält man, falls das Arrhenius-Gesetz

$$k(T) = A \cdot \exp(-E_A/RT) \qquad \text{Gl. 3-14}$$

erfüllt und die Aktivierungsenergie konstant ist, eine Gerade, aus deren Steigung die Aktivierungsenergie berechnet werden kann.

Die spezifische Massenänderung kann entweder diskontinuierlich, anhand von Versuchen im Kammerofen, oder kontinuierlich, anhand der Thermogravimetrie (TG), bestimmt werden. Die Kammerofenversuche dienen darüber hinaus zur Bestimmung der sich ändernden BET-Oberfläche des $ZrSi_2$-Pulvers.

Zur Diskussion der Oxidation von $ZrSi_2$ werden zusätzlich zwei weitere Größen eingeführt. Dies ist zum einen der Umsatz U(t)

$$U_{ZrSi_2}(t) = \frac{m_{ZrSi_2}(t=0) - m_{ZrSi_2}(t)}{m_{ZrSi_2}(t=0)} \qquad \text{Gl. 3-15}$$

und zum andern die Oxidationsrate (oder formale Oxidationsgeschwindigkeit) $r_{Oxid.}$:

$$r_{Oxid.} = \frac{dU(t)}{dt} \qquad \text{Gl. 3-16}$$

Der Umsatz U(t) kann direkt aus der Messung der Massenzunahme des $ZrSi_2$ bei der Oxidation bestimmt werden:

$$U_{ZrSi2}(t) = \Delta \tilde{m}_{exp.}(t)/\Delta \tilde{m}_{max, ZrSi2}$$ Gl. 3-17

mit $\Delta \tilde{m}_{max, ZrSi2}$: maximal zu erwartende Massenzunahme des $ZrSi_2$

Die entsprechende Ableitung hierzu befindet sich im Anhang C.

Modellierung

Die Untersuchung der Oxidation von kompakten Körpern ermöglicht die Modellierung der Reaktion. Grundlage hierfür stellt die Messung der Oxidschichtdicke in Abhängigkeit von Reaktionszeit und Temperatur dar [BAERNS87]. Die Dicke dieser Schicht ist direkt mit dem Umsatz an Silicid korreliert. Der mathematische Zusammenhang zwischen der Reaktionszeit t und dem Umsatz U hängt davon ab, welcher Reaktionsschritt geschwindigkeitsbestimmend ist.

Bei der Oxidation eines Silicidpartikels entsteht eine Schicht aus Reaktionsprodukt um den Eduktkern. Mit fortschreitender Reaktion nimmt die Dicke dieser Schicht zu und der Durchmesser des Eduktkerns ab. Unter der Annahme, daß der Einfluß durch den Reaktionsgasantransport aus der Gasphase an die Probenoberfläche vernachlässigt werden kann (äußerer Stofftransport), ergeben sich zwei Grenzfälle, durch welche die Reaktionsgeschwindigkeit begrenzt wird. Dies sind:

(1) die Diffusion des Sauerstoffs durch die entstehende Produktschicht (innerer Stofftransport)

(2) die chemische Reaktion am Eduktkern.

Je nachdem welcher der Schritte geschwindigkeitsbestimmend ist, ergibt sich ein anderer Zusammenhang zwischen t und U. Durch Vergleich zwischen experimentellen Werten und Modell läßt sich bestimmen, welcher der oben genannten Fälle zutrifft. Gleichzeitig ist auf diese Weise entweder der effektive Diffusionskoeffizient (1) oder die Geschwindigkeitskonstante k der Reaktion (2) zugänglich. Der effektive Diffusionskoeffizient wiederum erlaubt eine Aussage darüber, auf welche Weise der benötigte Sauerstoff antransportiert wird. Kleine Diffusionskoeffizienten lassen den Rückschluß zu, daß die Produktschicht unporös ist (Diffusion im Festkörper), große Diffusionskoeffizienten hingegen weisen auf eine poröse Produktschicht hin (molekulare Diffusion, Knudsendiffusion).

Experimenteller Teil

4 Herstellung der Keramiken

4.1 Überblick über das Gesamtverfahren

Das gesamte Verfahren zur Herstellung der keramischen Formkörper läßt sich, wie in Abbildung 4-1 am Beispiel der Herstellung der Zirkoniumsilikatkeramiken gezeigt, in drei Schritte unterteilen:

- Pulveraufbereitung und Herstellung der Granulate
- Formgebung
- Reaktionssinterverfahren

Das geeignete Formgebungsverfahren sowie das dafür benötigte Bindersystem für die beiden ausgewählten Stoffsysteme $ZrSi_2$-ZrO_2 und $AlSi44$-Al_2O_3 wird anhand grundlegender Untersuchungen ermittelt. Im folgenden Kapitel wird zunächst auf diesen Aspekt näher eingegangen. Im weiteren Verlauf (Kapitel 4.3 bis 4.5) werden die einzelnen drei Verfahrensschritte erläutert.

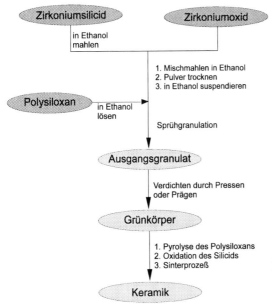

Abbildung 4-1:
Verfahrensfließbild zur Herstellung von $ZrSiO_4$-Keramiken

4.2 Grundlegende Untersuchungen

Wahl des Binders und Herstellung des Granulates

Der Schwerpunkt der vorbereitenden, grundlegenden Untersuchungen liegt in der Wahl des geeigneten Binders. Hierzu wird sowohl für das System AlSi44-Al_2O_3 als auch für $ZrSi_2$-ZrO_2 prinzipiell wie in Abbildung 4-1 skizziert verfahren. Dieses Verfahren wird in den folgenden Kapiteln am Beispiel des Systems $ZrSi_2$-ZrO_2 ausführlich beschrieben. Lediglich der Binder (in Abbildung 4-1 ein Polysiloxan) wird variiert. Für kleine Mengen an Granulat wird darüber hinaus auf die Sprühgranulation in einem Laborsprühtrockner verzichtet und statt dessen das Lösemittel im Rotationsverdampfer abgetrennt.

Entsprechend dem in Abbildung 4-1 beschriebenen Verfahren werden sowohl **P**oly**m**ethyl**sil**sesquioxan (PMSS) als auch **P**oly**p**ropyl**p**henyl**s**il**s**esquioxan (PPPSS) auf ihre Eignung als Binder untersucht. Neben diesen *low loss bindern* wird zudem der Einsatz der klassischen Binder **P**olyvinylalkohol (PVA) und **P**olyethylenglycol (PEG) getestet. Die Herstellung der Granulate bei diesen beiden unterschiedlichen Bindersystemen unterscheidet sich dahingehend, daß im Falle der *low loss binder* deutlich höhere Binderanteile (i.a. bis 40 Vol-%) als im Fall der rein organischen Binder (max. 10 Vol-%) eingesetzt werden.

In einem Fall (*PMSS als Hauptbestandteil im Granulat*) wird mit knapp 70 Vol-% PMSS ein extrem hoher Binderanteil eingesetzt. Auf die inerte Komponente muß in diesem Fall allerdings verzichtet werden, da ansonsten die Kompensation des Sinterschrumpfes nicht mehr möglich ist (s. Kapitel 8.5.1). Hier handelt es sich demzufolge um den bereits in der Einleitung skizzierten Grenzfall „polymerer Keramikprecursor + aktiver Füller".

Variante zur Herstellung des Granulates

Neben dem oben beschriebenen Verfahren zur Herstellung des Granulates (üblicherweise durch Sprühtrocknung) wird für das System $ZrSi_2$-ZrO_2-PMSS noch eine leicht abgewandelte Variante getestet. Bei diesem Verfahren (*Ausfällen des PMSS*) werden die mischgemahlenen Pulver aus $ZrSi_2$ und ZrO_2 ebenfalls in Ethanol suspendiert. Anschließend wird das in Ethanol gelöste PMSS zugegeben und diese Suspension unter ständigem Rühren in Wasser eingetropft. Da das PMSS in Wasser unlöslich ist, fällt es beim Eintropfen sofort aus und umhüllt im Idealfall die Pulverpartikel. Der Feststoff wird abfiltriert und das erhaltene Granulat getrocknet. Die Formkörper-Herstellung erfolgt wiederum durch Trockenpressen.

Wahl des Formgebungsverfahrens

Neben der Herstellung der Formkörper durch Trockenpressen eines Granulates werden im System $ZrSi_2$-ZrO_2-Polysiloxan noch zwei weitere Varianten auf ihre Eignung als Formgebungsverfahren überprüft:

  O Abformung über eine pastöse Masse

○ Abformung über einen gefüllten Silikonkautschuk

Bei der *Abformung über eine pastöse Masse* kann das Trockenpressen vermieden werden. Hierzu wird das gemäß Abbildung 4-1 hergestellte Granulat mit Ethanol zu einer zähen Masse vermengt und diese in die gewünschte Negativform, z.b. aus **P**oly**m**ethyl**m**eth**a**crylat (PMMA) verstrichen oder unter leichtem Druck hineingepreßt. Nach dem Trocknen wird das Formeinsatzmaterial zusammen mit dem Binder des Grünkörpers pyrolysiert. Die mechanische Entformung entfällt.

Zur *Herstellung der Grünkörper über einen gefüllten Silikonkautschuk* wird für die ersten Testversuche ein additionsvernetzender Silikonkautschuk (Wacker Elastosil M 4370) verwendet, der mit ZrO_2 gefüllt wird. In die Hauptkomponente des Kautschuks wird das ZrO_2-Pulver eingerührt, dann der Vernetzer zugegeben und die Masse in den gewünschten Formeinsatz gegossen. Nach der Aushärtung des Kautschuks erfolgt entweder die mechanische Entformung oder das Formeinsatzmaterial wird im Laufe des Reaktionssinterverfahrens pyrolysiert.

4.3 Pulveraufbereitung und Herstellung der Granulate

Die Pulveraufbereitung ist einer der wichtigsten Schritte bei der Herstellung von Keramiken über die Pulverroute. Das hier beschriebene Verfahren ist die letztendlich erfolgreichste Variante in einem ständig verbesserten Prozeß. Auf die Einzelheiten zur Optimierung dieses Schrittes wird im Rahmen der Diskussion der Ergebnisse näher eingegangen.

4.3.1 Das System $ZrSi_2$-ZrO_2

Zur Herstellung der Granulate wird zunächst das $ZrSi_2$ (Goodfellow, 99.5%, Chargen A, B, C) für 48 h in einer Planetenkugelmühle ($m_{Pulver} \approx m_{Kugeln}$, Mahlbecher und Kugeln aus ZrO_2, d_{Kugel} = 10 mm) gemahlen. Das getrocknete Pulver wird dann für weitere 24 h mit ZrO_2 (Tosoh TZ-3Y, 3 Gew-% Y_2O_3; teilstabilisiertes ZrO_2, s. Kapitel 3.3.2) mischgemahlen. Wasser scheidet als Mahlmedium aus, da es hierbei bereits zu einer deutlichen Oxidation des $ZrSi_2$ kommen kann. Als Mahlmedium stehen beispielsweise Ethanol oder Hexan zur Auswahl. Neben dem Einfluß des Mahlmediums werden noch die weiteren Einflüsse beim Mahlen, wie z.B. Mahldauer, Kugelanteil und Kugelgröße, auf ihren Einfluß auf das Reaktionssinterverfahren untersucht. Hervorzuheben ist an dieser Stelle die Keramik Zr_79,5/30(SI) (s. Tabelle 4-1). Das $ZrSi_2$ wird in diesem Fall extrem stark aufgemahlen. Auf 100 g $ZrSi_2$-Pulver kommen 100 g Kugeln mit d = 10 mm und 30 g Kugeln mit d = 1 mm, die Mahldauer liegt wiederum bei 48 h.

Das nach dem Mischmahlen gewonnene Pulver wird zur Zerstörung großer Agglomerate kurz aufgemörsert und in Ethanol mit einem Ultra-Turrax suspendiert, dann das in Ethanol gelöste PMSS (ABCR, Chargen `alt` und `neu`) zugegeben und das Lösemittel entfernt. Dieses Granulat wird auf eine Teilchenfeinheit von kleiner 70 µm fraktioniert. Um die Preßbarkeit bei Raumtemperatur zu verbessern, kann bei Bedarf ein weiteres Preßhilfsmittel, **P**oly**v**inylbutyral (PVB, Wacker-Chemie), zugesetzt werden (s. Kapitel 8.2.2). Die Zugabe erfolgt zusammen mit dem PMSS, da PVB ebenfalls in Ethanol gut löslich ist.

Tabelle 4-1 gibt einen Überblick über die Herstellung derjenigen Keramiken, auf die im weiteren Verlauf der Arbeit noch Bezug genommen wird. Die Berechnung der Zusammensetzung der Eduktmischung erfolgt dabei für eine lineare Schrumpfung von $S = 0$ und für eine zu erzielende Sinterdichte von 95 % TD (s. hierzu auch Kapitel 8.5).

Tabelle 4-1: Überblick über die hergestellten Keramiken im System $ZrSi_2$-ZrO_2

Bezeichnung[1]	Anteil an ... [Vol-%]				$\tilde{\rho}_{grün}$[2] [% TD]	Bemerkung
	$ZrSi_2$	ZrO_2	PMSS	PVB		
Herstellung durch Abdestillieren des Lösemittels						
Zr_78/30	37,0	33,0	30	-	78	generelle Untersuchungen
Zr_80/30	34,1	35,9	30	-	80	dto.
Zr_82/30	31,4	38,6	30	-	82	dto.
Herstellung durch Sprühgranulation						
Zr_78/30(S n)	37,0	33,0	30	-	78	Variation bei der Granulatherstellung; n: I - IX
Zr_79,5/30(S n)	34,8	35,2	30	-	79,5	dto.; n: I - II
Zr_80,8/20+10(S)	37,0	33,0	20	10	80,8	Untersuchungen zu den mechan. Eigenschaften
Zr_79,5/20+10(S n)	38,8	31,2	20	10	79,5	dto. (n: I und II)
Zr_78,1/20+10(S)	40,8	29,2	20	10	78,1	dto.

[1] s. Text; [2] zur Erzielung von $S = 0$

Die in Tabelle 4-1 getroffene Nomenklatur der Keramiken im System $ZrSi_2$-ZrO_2 läßt sich am Beispiel des Zr_a/b+c(S n) näher erläutern:

    a: zu erzielende Gründichte

    b: Volumenanteil an PMSS

    c: Volumenanteil an PVB (falls c = 0 entfällt diese Bezeichnung)

    d: Herstellung durch Sprühgranulation

    n: fortlaufende Numerierung

Tabelle 4-1a enthält Angaben darüber, welche Chargen an $ZrSi_2$ bzw. PMSS zur Herstellung der jeweiligen Keramiken eingesetzt werden, von ZrO_2 und PVB wurde jeweils nur eine Charge verwendet.

4 Herstellung der Keramiken

Tabelle 4-1a: Zur Herstellung der Keramiken verwendete Edukt-Chargen

Bezeichnung	$ZrSi_2$	PMSS
Zr_78/30	A	alt
Zr_80/30	A	alt
Zr_82/30	A	alt
Zr_78/30(SI - SVII)	A	alt
Zr_79,5/30(SI)	A	alt
Zr_79,5/30(SII)	A	neu
Zr_78/30(SVIII + SIX)	B	neu
Zr_80,8/20+10(S)	C	neu
Zr_79,5/20+10(SI + II)	C	neu
Zr_78,1/20+10(S)	C	neu

In Tabelle 4-2 ist zusammengestellt, welche chemische Zusammensetzungen sich für die in Tabelle 4-1 aufgeführten Keramiken nach Durchlaufen des Reaktionssinterverfahrens ergeben sollten. Der geringe Anteil an Y_2O_3, der durch das teilstabilisierte ZrO_2 eingebracht wird (s.o.), wird dabei vernachlässigt. Bei der Berechnung der theoretischen Dichte der Keramiken wird von einer vollständigen Umsetzung zu $ZrSiO_4$ ausgegangen. Zudem soll daneben entweder freies SiO_2 (als Quarz) oder ZrO_2 (in der tetragonalen Modifikation) vorliegen.

Tabelle 4-2: Dichte und berechnete Zusammensetzung der Keramiken

Bezeichnung	$\rho_{grün, th.}$ [g/cm^3]	$\rho_{Sinter, th.}$ [g/cm^3]	Anteil an ZrSiO$_4$[1] [mol-%]
Zr_78/30	4,15	4,63	94,2 (+ SiO$_2$)
Zr_80/30	4,18	4,71	97,9 (+ ZrO$_2$)
Zr_82/30	4,21	4,76	90,3 (+ ZrO$_2$)
Zr_79,5/30	4,16	4,70	100
Zr_80,8/20+10(S)	4,13	4,70	100
Zr_79,5/20+10(S)	4,11	4,64	95 (+ SiO$_2$)
Zr_78,1/20+10(S)	4,09	4,57	90 (+ SiO$_2$)

[1] nach dem Sintern, ohne Berücksichtigung des Y$_2$O$_3$

4.3.2 Das System AlSi44-Al$_2$O$_3$

Das Verfahren zur Herstellung der Mullit-Keramiken gestaltet sich analog zu dem der ZrSiO$_4$-Keramiken. Werden PVA und PEG als Binder verwendet, so wird das mischgemahlene Pulver aus AlSi44 und Al$_2$O$_3$ in Wasser suspendiert. Diese Suspension wird mit den wäßrigen Lösungen von PVA (1,5 Gew-%) und PEG (0,5 Gew-%) versetzt und im Anschluß daran sprühgranuliert. Da PVA und PEG bei der Pyrolyse vollständig verbrennen, bezieht sich die Gründichte in diesem Falle auf den entbinderten Formkörper, d.h. der Binderanteil wird bei der Schrumpfungsberechnung nicht berücksichtigt. Tabelle 4-3 gibt einen Überblick der hergestellten Keramiken. In allen Fällen sollte nach dem Sintern neben Mullit freies SiO$_2$ entstehen.

Tabelle 4-3: Überblick über die hergestellten Keramiken im System AlSi44-Al$_2$O$_3$

Bezeichnung	Anteil an ... [Vol-%]			$\tilde{\rho}_{grün}$[1] [% TD]	Anteil an Mullit[2] [mol-%]
	AlSi44	Al$_2$O$_3$	PMSS		
Al_65/5	69,1	25,9	5	65	50
Al_70/10	58,5	31,5	10	70	58,6
Al_80/30	50,9	19,1	30	80	37,6
Al_PVA60[3]	82,2	17,8	-	60	41,6
Al_PVA65[3]	65,0	35,0	-	65	65,9

[1] für S = 0; [2] neben freiem SiO$_2$; [3] nach dem Entbindern, vereinfachte Nomenklatur

4.4 Formgebung

Die Formgebung der Granulate erfolgt durch axiales Kalt- und Warmpressen sowie durch kalt-isostatisches Pressen (*cold isostatic pressing*, CIP).

Zur Herstellung einfacher, zylindrischer Formkörper werden Standardpreßwerkzeuge eingesetzt. Dabei wird das Granulat sowohl bei Raumtemperatur („kalt") als auch bei erhöhter Temperatur („warm", 60 - 140 °C) bei Drücken von 50 bis 700 MPa verpreßt. Beim Pressen unter erhöhter Temperatur muß auf das Schmiermittel (Stearinsäure) für die Preßwerkzeuge verzichtet werden. Die Temperierung des Preßwerkzeugs erfolgt über heizbare Preßplatten. Durch Variation des Preßdrucks können Preßbarkeitskurven ($\rho_{grün}(p_{Press})$) aufgestellt werden, aus denen der zur Erzielung der gewünschten Gründichte benötigte Verdichtungsdruck bestimmt werden kann.

Die Bestimmung der Biegefestigkeit erfolgt an Stäbchen der ungefähren Abmessung l×b×h = 60×3,5×4,5 mm^3. Hierzu werden zunächst mittels axialem Kaltpressen aus dem Granulat Platten der Abmessung l×b×h = 65×45×5 mm^3 hergestellt. Diese werden anschließend in Folie eingeschweißt und durch kalt-isostatisches Pressen (p = 200 MPa) nachverdichtet. Aus diesen Platten werden dann mittels einer Diamantdraht-Säge die gewünschten Stäbchen herausgesägt. Nach dem Entbindern und der teilweisen Oxidation der Stäbchen werden die Sägeriefen abgeschliffen und die Proben gesintert (s.u.). Im Anschluß daran müssen die Stäbchen exakt planparallel geschliffen und zur Vermeidung von Oberflächeneffekten nachpoliert und die Kanten gebrochen werden.

Das Prägen zur Herstellung strukturierter Formkörper erfolgt ausnahmslos bei erhöhter Temperatur. Dadurch läßt sich der für eine gewisse Gründichte benötigte Preßdruck vermindern, der Zerstörung des Preßwerkzeuges wird auf diese Weise vorgebeugt (s. Kapitel 8.2.2). Als Prägestempel dient dabei im einfachsten Fall ein in Form einer Münze modifizierter Unterstempel. Formkörper und Prägewerkzeug werden in diesem Falle mechanisch getrennt. Die Herstellung von Formkörpern mit einem höheren Aspektverhältnis ist auf diese Weise jedoch nicht möglich, da die feinen Details des Bauteils beim mechanischen Entformen zerstört werden (s. Kapitel 8-6). Deshalb wird hier das Verfahren der „verlorenen Formen" angewandt. Hierbei wird ein entsprechend geformtes Negativ aus Polymethylmethacrylat als Unterstempelaufsatz verwendet. Dieses wird mit dem Granulat überschüttet und anschließend verpreßt. Die Trennung von Formeinsatz und Bauteil erfolgt pyrolytisch, d.h. bei der Pyrolyse des Binders wird gleichzeitig der Prägeeinsatz entfernt.

4.5 Das Reaktionssinterverfahren

Das eigentliche Reaktionssinterverfahren, d.h. der Schritt vom Grünkörper zur Keramik, läßt sich schematisch in die folgenden drei Teilbereiche (s. auch Abbildung 4-1) untergliedern, wobei eine grobe Temperaturzuordnung erfolgen kann:

- Entbindern: bis 600 °C

○ Oxidation: bis 1350 °C

○ Sintern: bis 1600 °C

Jeder dieser Schritte wird in einem Kammerofen unter strömender Luft (bis zu 200 l/h) durchgeführt. Die Formkörper werden dabei einer Temperaturbehandlung unterworfen, die zunächst anhand der Thermischen Analyse grob festgelegt und dann durch Kammerofenversuche zur Erzielung einer möglichst hohen Sinterdichte weiter optimiert wird. In Abbildung 4-2 ist ein typisches Temperaturprofil dargestellt. Dieses Profil ist bei allen Keramiken, d.h. sowohl im System $ZrSi_2$-ZrO_2 als auch im System AlSi44-Al_2O_3 ähnlich. In einigen Details unterscheiden sich diese je nach Zusammensetzung der Proben und dem Herstellungsverfahren, d.h. insbesondere der Pulverpräparation. Auf diesen Punkt wird bei der Diskussion der Ergebnisse näher eingegangen.

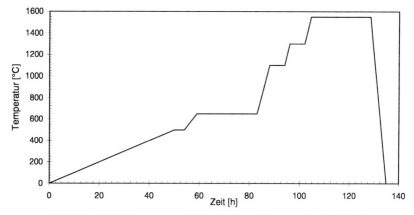

Abbildung 4-2: Temperaturprofil für die Herstellung von Zr_79,5/30(SI)

Der erste Schritt zur Herstellung der $ZrSiO_4$-Keramiken, d.h. das Entbindern der Formkörper, bei welchem das PMSS pyrolysiert wird, erfolgt mit einer sehr langsamen Aufheizrate von etwa 10 K/h. Oberhalb von 500 °C erfolgt zunächst die Oxidation des $ZrSi_2$. Im letzten Schritt schließlich wird bei einer Temperatur von maximal 1600 °C der Formkörper zur dichten und festen Keramik gesintert.

Neben den Versuchen im konventionellen Kammerofen werden noch Sinterversuche in einem Mikrowellensinterofen (ν = 30 GHz, d.h. λ = 10 mm) mit Gyrotronheizung durchgeführt, um evtl. Sinterzeiten und Sintertemperaturen reduzieren zu können. Hierzu werden die Formkörper zunächst im Kammerofen entbindert und bei 1300 °C für 12 h größtenteils aufoxidiert. Im Anschluß daran werden sie im Mikrowellenofen für 1 - 2 h bei 1550 - 1600 °C gesintert.

5 Untersuchungen zur Oxidation des $ZrSi_2$

Die Untersuchungen zur Oxidation des $ZrSi_2$ erfolgen sowohl am Pulver als auch an daraus hergestellten Formkörpern.

Oxidation von Pulvern

Die Versuche hierzu werden einerseits diskontinuierlich im Kammerofen und andererseits kontinuierlich mittels der Thermischen Analyse (TA) durchgeführt. Auf beiden Wegen läßt sich der Umsatz an $ZrSi_2$ in Abhängigkeit von der Reaktionszeit und -temperatur ermitteln. Anhand der diskontinuierlichen Kammerofenversuche kann darüber hinaus die jeweilige Pulveroberfläche bestimmt werden. Über die Berechnung der spezifischen Massenänderung ist dadurch prinzipiell der Zugang zu kinetischen Daten möglich.

Zur Durchführung der TA-Messungen wird der Probenraum nach dem Einbau der Probe zunächst evakuiert und anschließend mit Argon gespült. Nach dem Aufheizen auf Reaktionstemperatur wird auf das Reaktionsgas umgestellt. Als Reaktionsgase dienen trockene bzw. bei Raumtemperatur mit Wasserdampf gesättigte Synthetische Luft oder reiner Sauerstoff. Die Kammerofenversuche werden ausschließlich unter strömender Luft durchgeführt.

Oxidation von Formkörpern

Die Oxidation von dichten Formkörpern kann ebenfalls zur Bestimmung kinetischer Daten herangezogen werden. Hierzu wird mittels Rasterelektronenmikroskopie und Röntgenanalyse direkt die Oxidschicht an der Probenoberfläche untersucht. Die kinetischen Daten lassen sich aus der Abhängigkeit dieser Schichtdicke von Reaktionszeit und -temperatur bestimmen.

Zur Herstellung dichter Formkörper wird das $ZrSi_2$-Pulver zunächst durch axiales Kaltpressen zu Formkörpern verdichtet und in Nb-Kapseln geschichtet. Anschließend werden die Kapseln evakuiert, verschweißt und am Ende in einer **H**eißisostatischen **P**resse (HIP) bei ca 1500 °C und 1500 bar verdichtet. Nach dem Sintern wird die Nb-Kapsel entfernt und das massive $ZrSi_2$ in die entsprechenden Formkörper zersägt ($d \approx 10$ mm, $h \approx 5$ mm). Vor den Oxidationsversuchen werden die Oberflächen der Pellets poliert.

Die Oxidationsversuche erfolgen wiederum unter strömender Luft im Kammerofen. Danach werden die oxidierten Formkörper längs halbiert, so daß die Oxidschicht und die Matrix mikroskopisch untersucht werden können.

6 Charakterisierungsmethoden

6.1 Übersicht

Zur Charakterisierung der Edukte sowie der Zwischen- und Endprodukte werden die in Tabelle 6-1 aufgeführten Charakterisierungsmethoden angewandt. Diese Methoden sollen in den beiden folgenden Kapiteln kurz erläutert werden.

Tabelle 6-1: Die angewandten Charakterisierungsmethoden

Analysen-Methode	verwendetes Gerät
Physikalisch-Chemische Methoden:	
Thermogravimetrie/Differenzthermoanalyse	NETZSCH STA 409
Dilatometrie	LINSEIS L75
Infrarot-Spektroskopie (FT-IR)	BRUKER IFS 28
Diffraktometrie	SIEMENS D 5005
Lichtmikroskopie	LEITZ ARISTOMAT
Rasterelektronenmikroskopie	JEOL JSM 6400
Energiedispersive Röntgenanalyse	TRACOR N 5502 M/ST
Wellenlängendispersive Röntgenanalyse	CAMECA CAMEBAX SX 50
Röntgenfluoreszenz-Analyse	SIEMENS SRS 303
Viskosimetrie	GÖTTFERT RHEOGRAPH 2003
Quecksilber-Porosimetrie	CE INSTRUMENTS, POROSIMETER 4000
Partikelgrößen-Analyse	LEEDS & NORTHTRUP MICROTRAC X100
Oberflächenbestimmung	MICROMERITICS FLOW SORB II 2300
Mechanische Charakterisierung:	
Härtebestimmung	LECO V100 C1
Biegeversuch	UTS 10 T
E-Modul-Bestimmung (dynamisch)	GRINDOSONIC MK5

6.2 Physikalisch-Chemische Methoden

Thermische Analyse

Mit Hilfe der Thermischen Analyse (TA) lassen sich physikalische und chemische Änderungen einer Probe in Abhängigkeit von der Temperatur erfassen. Die TA ist damit eine der wichtigsten Methoden zur Untersuchung des Reaktionssinterverfahrens.

Bei der **Thermogravimetrie** (TG) wird die Massenänderung, bei der **Dilatometrie** die Längenänderung einer Probe als Funktion der Temperatur bestimmt. Mittels der **Differenzthermoanalyse** (DTA) lassen sich die thermischen Effekte messen, die ein Material im Vergleich zu einer Referenzprobe während der Temperaturbehandlung erfährt.

Die bei der Thermogravimetrie freigesetzten Gase können zudem mittels der IR-Spektroskopie analysiert werden. Bei dieser Methode, der **TA-IR-Kopplung**, werden die gasförmigen Pyrolyseprodukte in die Gasmeßzelle eines FT-IR-Spektrometers überführt und kontinuierlich gemessen. So werden beispielsweise Informationen zum Pyrolyseverhalten der eingesetzten Binder erhalten.

Alle Versuche zur Thermischen Analyse werden unter Synthetischer Luft (Volumenstrom: 20 l/h) durchgeführt. Für die simultan erfolgende Thermogravimetrie und Differenzthermoanalyse werden etwa 80 mg Pulver eingesetzt. Als Tiegel- und Referenzmaterial dient Al_2O_3. Zur Bestimmung der Längenänderung dienen Formkörper mit einer Länge von bis zu 13 mm und einem Durchmesser von maximal 7 mm, die durch axiales Pressen hergestellt werden.

Diffraktometrie

Die Röntgenpulverdiffraktometrie ist eine gängige Methode zum Nachweis kristalliner Phasen in einem Material. Auf diese Weise lassen sich die verschiedenen im Laufe der Temperaturbehandlung der Formkörper auftretenden Phasen analysieren.

Die Diffraktometrie beruht auf dem Prinzip, daß Röntgenstrahlen an den Gitterebenen eines Kristalls gebeugt werden. Dabei gilt für die Reflexionsbedingung die Bragg'sche Gleichung:

$$n \cdot \lambda = 2 \cdot d \cdot \sin\theta \qquad \text{Gl. 6-1}$$

mit n: Ordnung der Interferenz [-]
 λ: Wellenlänge [nm]
 d: Netzebenenabstand [nm]
 θ: Einstrahlwinkel [°]

Als Röntgenquelle dient eine Cu-Anode (λ = 0,15418 nm). Die Intensitäten werden im Bereich von 2θ = 20 - 80 °, mit einer Winkelgeschwindigkeit des Detektors von 1 °/min gemessen. Die Proben werden teils in Form dünner Pulverschichten (auf einem Saphirträger), teils aber auch in Form der Festkörper untersucht. Die Identifizierung der Substanz sowie die Zuordnung der erhaltenen Reflexe zu den hkl-Werten erfolgt mit Hilfe der JCPDS-Kartei.

Mikroskopie

Die **Lichtmikroskopie** (LM) dient zur Untersuchung des Gefüges fester Proben. Hierzu werden Schliffbilder der gesinterten Formkörper mittels der Auflichtmethode angefertigt.

Die **Rasterelektronenmikroskopie** (REM) ist eine Methode zur Untersuchung der Morphologie und des Aufbaus von Pulvern bzw. des Gefüges von Formkörpern (Schliffbilder, Bruchflächen, etc.). Zudem kann mit der **energiedispersiven Röntgenanalyse** (EDX-Analyse) und der **Mikrosonde** (wellenlängendispersive Röntgenanalyse, WDX) eine halbquantitative Elementanalyse durchgeführt werden. Die EDX-Analyse ist somit eine Ergänzung der Diffraktometrie zur Untersuchung des Phasenbestandes insbesondere von gesinterten Keramiken.

Beim REM werden die von einer Elektronenkanone (LaB_6-Kathode) emittierten Elektronen über mehrere elektromagnetische Linsen auf die Probe fokussiert. Der Elektronenstrahl, der über einen Ablenkgenerator gesteuert wird, rastert die Probe zeilenförmig ab. Detektoren erfassen die von der Probe emittierten Sekundär- und/oder Rückstreuelektronen (Materialkontrastaufnahmen) und geben das Signal an eine Bildröhre weiter.

Die EDX- und WDX-Analyse beruht auf der Wechselwirkung von hochenergetischen Elektronen mit Materie. Neben der Entstehung von Rückstreu- und Sekundärelektronen wird zusätzlich eine für jedes Element charakteristische Röntgenstrahlung freigesetzt, die auf den Elektronenübergang von höheren in tiefere Energieniveaus zurückzuführen ist. Bei der EDX-Analyse wird die freigesetzte Röntgenstrahlung energiedispersiv mittels eines Halbleiterdetektors, bei der Mikrosonde wellenlängendispersiv mittels entsprechender Monochromator-Kristalle und eines Zählrohres registriert.

Viskosimetrie

Die Viskosimetrie ist die Methode zur Bestimmung der Viskosität von flüssigen (oder gasförmigen) Stoffen. Hiermit ist die Untersuchung des Fließverhaltens von aufgeschmolzenem PMSS möglich.

Die Viskosimetrie beruht darauf, daß der betreffenden Meßflüssigkeit eine mit einem Geschwindigkeitsgradienten verbundene laminare Strömung aufgezwungen wird. Im vorliegenden Fall wird hierzu ein Hochtemperatur-/Hochdruck-Kapillarviskosimeter verwendet. Die dynamische Viskosität η [Pas] kann mit Hilfe des Hagen-Poiseuille-Gesetzes berechnet werden.

Röntgenfluoreszenz-Analyse

Eine quantitative Elementanalyse für Elemente ab etwa der dritten Periode ist mit Hilfe der **Röntgenfluoreszenz-Analyse** (RFA) möglich. Mit dieser Methode wird die chemische Zusammensetzung der gesinterten Keramiken ermittelt.

Das Funktionsprinzip der RFA ist dem der Mikrosonde ähnlich. Auf die Ortsauflösung wird zugunsten einer genauen Integralanalyse verzichtet. Als Anregungsquelle dient anstatt eines Elektronenstrahles das Bremskontinuum einer Rhodium-Röntgenröhre. Die Messung der zu untersuchenden Proben erfolgt an über ein Schmelzverfahren hergestellten Boraxscheiben. Die quantitative Zusammensetzung der Probe läßt sich mittels einer zuvor erstellten Kalibriergeraden für die entsprechenden Elemente berechnen.

Quecksilber(Hg)-Porosimetrie

Mit Hilfe der Hg-Porosimetrie kann sowohl die Dichte von Formkörpern als auch deren offene Porosität bestimmt werden. Die Dichte wird direkt über die Menge an verdrängtem Quecksilber im Probengefäß bestimmt. Zur Bestimmung der Porosität macht man sich zu Nutze, daß Quecksilber, eine nichtbenetzende Flüssigkeit, nur durch einen äußeren Druck p_k [Pa] in eine Pore vom Radius r [µm] gepreßt werden kann, der durch die Washburn-Gleichung beschrieben wird:

$$p_k = (2 \cdot \sigma \cdot \cos\vartheta) / r \qquad \text{Gl. 6-2}$$

mit σ: Grenzflächenspannung [N/m]
  ϑ: Randwinkel [°]

Mit dem verwendeten Porosimeter ($p_{max.}$ = 400 MPa) sind Poren bis zu einem minimalen Radius von ca. 2 nm zugänglich.

Partikelgrößen-Analyse

Die Bestimmung der Partikelgröße von Pulvern beruht auf der Tatsache, daß ein Laserstrahl, der durch eine Küvette tritt, in der das zu untersuchende Pulver aufgeschlämmt wurde, an den einzelnen Partikeln gestreut wird. Aus der Winkellage und Intensität des Streulichtes kann die Volumenverteilungsfunktion der Partikel bestimmt werden. Die Partikelfeinheit wird charakterisiert durch den d_n-Wert. Darunter versteht man den Partikeldurchmesser d [µm] bei einem Summenanteil von n Vol-%. Mit dieser Methode wird u.a. der Einfluß der Mahlbedingungen auf die Partikelfeinheit des $ZrSi_2$ näher untersucht.

Oberflächenbestimmung

Mittels der BET-Methode [BRUNAUER38, SEIFERT87] wird die spezifische Oberfläche der $ZrSi_2$-Pulver vor und nach den Oxidationsversuchen bestimmt. Die Oberfläche eines Materials wird anhand der Adsorption von Stickstoff ermittelt. Geht man davon aus, daß sich auf einer Oberfläche eine monomolekulare Stickstoffschicht ausbildet, so läßt sich, falls der Platzbedarf eines Moleküls bekannt ist, aus der Menge an adsorbiertem Stickstoff die Oberfläche des Materials berechnen.

6.3 Mechanische Charakterisierung

Die mechanische Charakterisierung umfaßt die Bestimmung der Härte, des Elastizitäts-Moduls, der Festigkeit sowie der Rißzähigkeit. Diese Größen beschreiben die für eine spätere Anwendung wichtigsten mechanischen Eigenschaften der gesinterten Keramiken.

Festigkeitsmessung

Die Bestimmung der Festigkeit erfolgt aus 4-Punktbiegeversuchen nach der in Abbildung 6-1 beschriebenen Weise. Dabei wird ein Teststäbchen von ungefähr 3,5 mm × 4,5 mm Querschnitt (h × b) mit der Kraft F belastet.

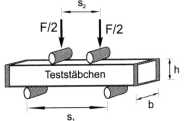

s_1, s_2: Abstand der Belastungsrollen [mm]
(s_1 = 40 mm, s_2 = 20 mm)
F: Last [N]
h: Probenhöhe [mm]
b: Probenbreite [mm]

Abbildung 6-1: Meßaufbau zur Bestimmung der Biegefestigkeit

Die Festigkeit σ_c [MPa] berechnet sich aus der Versagenslast F zu:

$$\sigma_c = \frac{3(s_1 - s_2)F}{2h^2 b} \qquad \text{Gl. 6-3}$$

Die Ausfallwahrscheinlichkeit W keramischer Bauteile unterliegt der Weibullverteilung. Die Ausfallwahrscheinlichkeit eines Bauteils ist damit gegeben zu:

$$W = 1 - \exp\left(-\frac{\sigma_c}{\sigma_0}\right)^m \qquad \text{Gl. 6-4}$$

Darin ist σ_0 die Festigkeit bei einer Ausfallwahrscheinlichkeit von 63,2 % und m (Weibullparameter) die Steigung der Geraden im Weibull-Diagramm. Dieses Diagramm erhält man, wenn Gleichung 6-4 doppelt logarithmiert und entsprechend dargestellt wird:

$$\lg \ln \frac{1}{1-W} = m \lg \sigma_c - m \lg \sigma_0 \qquad \text{Gl. 6-5}$$

Die Festigkeit keramischer Formkörper wird durch den größten Fehler im belasteten Volumenelement bestimmt. Demzufolge hängt die Festigkeit von der Größe des untersuchten Volumenelements V_i ab, und es gilt:

$$\sigma_2 = \sigma_1 \cdot \left(\frac{V_1}{V_2}\right)^{1/m}$$
Gl. 6-6

Je größer das untersuchte Probenvolumen ist, desto geringer ist demzufolge die Festigkeit.

Bestimmung des Elastizitäts-Moduls

Der Elastizitäts(E)-Modul wird mittels zweier Methoden bestimmt. Bei der dynamischen Methode wird die Grundschwingung eines Teststäbchens angeregt und anhand der Schwingungsfrequenz, die akustisch gemessen wird, der E-Modul berechnet. Der statische E-Modul, der i.a. etwas kleiner als der dynamische E-Modul ist, wird anhand der Biegeversuche bestimmt. Er läßt sich direkt aus der Steigung der Geraden im elastischen Bereich des Spannungs-Dehnungs-Diagrammes ablesen.

Bestimmung von Rißzähigkeit und Härte

Die Bestimmung der Rißzähigkeit erfolgt über zwei Methoden. Mittels einer einfachen und schnell durchzuführenden Bestimmung kann die Rißzähigkeit anhand der sich beim Vickers-Härtetest ergebenden Risse auf der Oberfläche der Keramik (Abbildung 6-2) abgeschätzt werden.

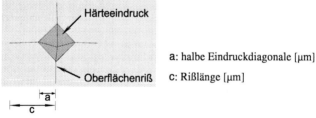

a: halbe Eindruckdiagonale [µm]
c: Rißlänge [µm]

Abbildung 6-2: Rißausbildung aufgrund von Vickers-Härteeindrücken

Nach [MUNZ89] ergibt sich für den kritischen Spannungsintensitätsfaktor k_{Ic} [MPa$\sqrt{m}$]:

$$k_{Ic} = 0{,}032 \cdot H \cdot \sqrt{a} \cdot \sqrt{\left(\frac{E}{H}\right)} \cdot \left(\frac{c}{a}\right)^{-3/2}$$
Gl. 6-7

mit E: E-Modul [GPa]
H: Härte [GPa]

Die Härte berechnet sich aus der Last F [N] und der Eindrucksfläche zu:

$$H = \frac{F}{2a^2}$$
Gl. 6-8

Die Härte wird häufig auch dimensionslos als H_v [HV] angegeben, und es gilt:

6 Charakterisierungsmethoden

$$H_v = (0{,}102 \, \frac{mm^2}{N}) \cdot H \qquad \text{Gl. 6-9}$$

Eine wesentlich aufwendigere Methode zur Bestimmung der Rißzähigkeit, die jedoch zuverlässigere Daten liefert [MUNZ89], geht ebenfalls von Vickers-Härteeindrücken aus. Hierzu wird in einer Variation des Biegeversuches zunächst ein Vickers-Härteeindruck in ein Prüfstäbchen gesetzt. Die sich dabei ausbildenden Risse dienen als Bruchauslöser und aus der im Anschluß daran gemessenen Festigkeit kann die Rißzähigkeit der Probe gemäß

$$k_{Ic} = 0{,}59 \cdot \left(\frac{E}{H}\right)^{1/8} \cdot \left(\sigma_c \cdot F^{1/3}\right)^{3/4} \qquad \text{Gl. 6-10}$$

mit F : Belastung beim Härteeindruck [N]

bestimmt werden.

Ergebnisse

7 Das System AlSi44-Al$_2$O$_3$

7.1 Herstellung der Keramiken

Grundlegende Untersuchungen

In einer Reihe von Vorversuchen wird überprüft, welches der beiden Bindersysteme PVA/PEG oder PMSS sich am besten zur Herstellung der Keramiken[1] eignet. Als Formgebungsverfahren dient in diesem Fall ausschließlich das Trockenpressen. Das gesamte Herstellungsverfahren gestaltet sich demzufolge wie in Abbildung 4-1 (Seite 27) am Beispiel der ZrSiO$_4$-Keramiken skizziert.

Bei der Verwendung von PMSS als Binder zeigt sich, daß die Oxidation des grau-schwarzen AlSi44 nicht vollständig abläuft. Obwohl außen rein weiß, sind die Formkörper im Innern selbst nach dem Sintern bei 1600 °C und 24 h noch grau. Zudem tritt unter diesen Bedingungen eine Schmelzphase auf (s. Phasendiagramm, Abbildung 3-2, Seite 17), die unter Umständen zu einem Zerfließen der Formkörper führt. Selbst wenn es nicht zum kompletten Zerfließen der Formkörper kommt, so besteht die Gefahr, daß Schmelzperlen entsehen, die selbst bei 1600 °C nicht mehr aufoxidert werden können. In Abbildung 7-1 ist ein solcher Formkörper abgebildet.

Abbildung 7-1:
Bildung von Schmelzperlen bei Al_70/10

Die in Abbildung 7-1 zu erkennenden Schmelzperlen bestehen laut EDX-Analyse in der Hauptsache aus Aluminium. Daneben lassen sich Silicium und Sauerstoff nachweisen.

---

[1] Zur Nomenklatur der Keramiken vgl. Tabelle 4-3, Seite 32

Demzufolge sind die Perlen an der Oberfläche oxidiert und weisen in etwa die Zusammensetzung des eutektischen Gemisches auf. Das Problem der unvollständigen Oxidation läßt sich bei Verwendung von PVA/PEG als Binder leichter lösen, da bei der Pyrolyse des Binders kein zusätzliches SiO_2 entsteht. Die bei der Pyrolyse des PMSS entstehende SiO_2-Schicht, die die Partikel umschließt, hemmt die weitere Oxidation der Formkörper. Im folgenden werden deshalb die grundlegenden Ergebnisse am Beispiel des Al_PVA65 (PVA und PEG als Binder, s. Kapitel 4.3.2) besprochen. Beim Al_PVA60 treten aufgrund des sehr hohen AlSi44-Anteils ebenfalls Probleme bei der vollständigen Oxidation der Formkörper auf.

Herstellung der Formkörper

Bei der Herstellung der Formkörper steht die maximal erzielbare, relative Gründichte der Formkörper im Mittelpunkt. Abbildung 7-2 zeigt die Preßbarkeit des Granulates Al_PVA65.

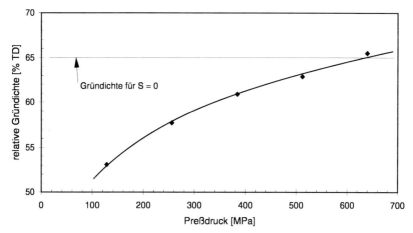

Abbildung 7-2: Preßbarkeit von Al_PVA65 (Dichte nach dem Entbindern bestimmt)

Durch Preßdrücke von ca. 100 - 700 MPa werden Formkörper mit relativen Dichten zwischen 52 und 66 % TD hergestellt. Die gewünschte Dichte von 65 % TD nach dem Entbindern läßt sich durch einen Preßdruck von 650 MPa gerade noch erzielen, ohne daß es zu Preßfehlern im Formkörper kommt. Durch Warmpressen des Granulates bei 70 °C läßt sich die Gründichte geringfügig erhöhen.

Untersuchung des Reaktionssinterverfahrens

Zur Festlegung des Temperaturprofils des *reaction bonding* Verfahrens werden TG/DTA- und Dilatometermessungen durchgeführt. In Abbildung 7-3 ist eine TG/DTA-Analyse dargestellt.

Im Temperaturbereich bis 550 °C ist eine Massenabnahme von insgesamt knapp 3 % zu beobachten. Dies ist auf den Ausbrand des Binders zurückzuführen. Bei ca. 560 °C erfolgt eine schlagartige Massenzunahme, die mit einer stark exothermen Reaktion verknüpft ist. Diese Temperatur entspricht etwa der Temperatur, bei der die Legierung zu schmelzen beginnt, d.h. es liegt neben Silicium noch eine flüssige Phase vor. Das Aluminium wird unter diesen Bedingungen teilweise sofort aufoxidiert. Bei weiterer Temperaturerhöhung nimmt die Masse weiter zu und man erhält bei 1300 °C und 1 h Haltezeit eine maximale Massezunahme von 25 %. Die Oxidation erfolgt unter diesen Bedingungen nicht vollständig, wie der Vergleich mit der theoretisch zu erwartenden Massenzunahme von 51 % zeigt.

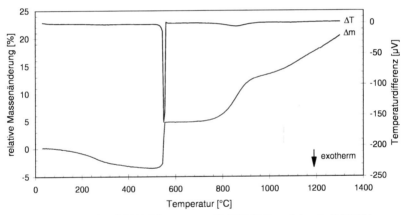

Abbildung 7-3: TG/DTA-Messung von Al_PVA65-Granulat an Luft (20 l/h)

Die Dilatometermessungen bestätigen die Ergebnisse der TG/DTA-Untersuchungen. Abbildung 7-4 zeigt eine solche Messung am Beispiel des Al_PVA65. Bis ca. 1250 °C ist nur eine geringe Längenzunahme zu beobachten. Die Ursache für den Längenänderungseffekt der knapp unterhalb der eutektischen Temperatur bei ca. 530 °C erfolgt, konnte bislang nicht eindeutig geklärt werden. Bei einer Temperatur von 1270 °C nimmt die Länge des Körpers aufgrund der Oxidation des AlSi44 stark zu und geht während der Haltezeit bei 1400 °C in eine Sättigung über. Ab etwa 1480 °C ist eine Längenabnahme zu beobachten und selbst nach einer Haltezeit von 24 h und einer Sintertemperatur von 1575 °C ist noch eine weitere Schrumpfung des Körpers festzustellen. Im vorliegenden Fall (Gründichte 57 % TD) beträgt die lineare Schrumpfung des Formkörpers insgesamt ca. 4%. Anhand der Dilatometermessungen lassen sich zwei gegenläufige Effekte beobachten, die sich teilweise überlagern. Einerseits nimmt die Länge, und parallel dazu die Masse, der Formkörper aufgrund der Oxidation des AlSi44 zu. Überlagert wird dieser Effekt andererseits vom Sinterprozeß, der mit einer Längenabnahme verbunden ist. Ab ca. 1480 °C überwiegt demzufolge der Sinterprozeß. Im Rahmen der Besprechung der Ergebnisse zum System $ZrSi_2$-ZrO_2 wird auf diesen Aspekt vertieft eingegangen. Auf eine weitergehende Untersuchung wird an dieser Stelle deshalb verzichtet.

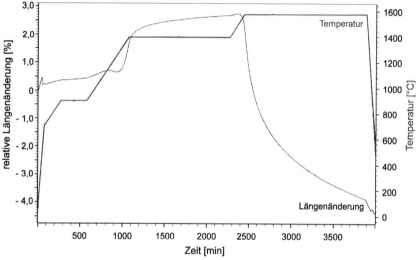

Abbildung 7-4: Dilatometermessung von Al_PVA65

Der Keramisierungsprozeß der Formkörper läßt sich mittels der Diffraktometrie verfolgen. Dies zeigt Abbildung 7-5. Im Ausgangspulver sind neben den Reflexen des AlSi44, d.h. der Reflexe der Al/Si-Legierung, die Reflexe des Al_2O_3 (Korund) zu beobachten. Bis 700 °C ist keine signifikante Änderung der Diffraktogramme zu erkennen. Bei 900 °C ist kein elementares Aluminium mehr zu beobachten, der Anteil an Korund hat bei etwa konstantem Siliciumanteil hingegen deutlich zugenommen. Bei 1400 °C ist nahezu alles Silicium aufoxidiert und neben Cristobalit ist bereits deutlich die Bildung von Mullit zu erkennen. Nach dem Sintern bei 1600 °C läßt sich mittels Diffraktometrie nur Mullit nachweisen.

7 Das System AlSi44/Al$_2$O$_3$

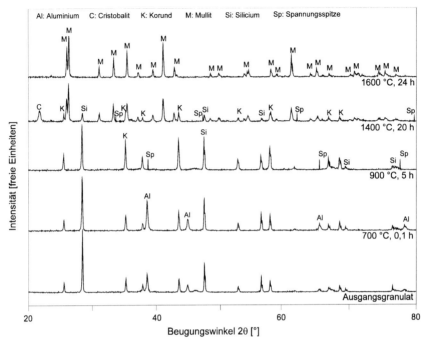

Abbildung 7-5: Änderung des Phasenbestands eines Al_PVA65 Formkörpers während des *reaction bonding* Prozesses

7.2 Eigenschaften der Keramiken

Dichte und Schrumpfbetrachtung

In Abbildung 7-6 ist die Abhängigkeit der erzielbaren Sinterdichte der Al_PVA65-Keramiken von der Gründichte sowie die dabei zu beobachtende relative Volumenänderung graphisch dargestellt. Die erzielbare Sinterdichte liegt mit 83 - 87 % TD weit unter dem gewünschten Wert von 95 % TD. Diese geringe Dichte der Keramiken wird unter anderem durch die mikroskopischen Gefügeuntersuchungen bestätigt. In den LM-Aufnahmen lassen sich viele Poren mit Durchmessern von bis zu 10 µm beobachten (s. Abbildung 7-9). Darüber hinaus nimmt die Sinterdichte mit steigender Gründichte ab. Dies ist auf die bei hoher Gründichte (etwa > 60 % TD) unvollständig ablaufende Oxidation der Formkörper zurückzuführen. Durch die geringe Sinterdichte läßt sich die Beobachtung erklären, daß eine relative Volumenänderung von Null bereits bei einer Gründichte von knapp 60 % TD (anstatt 65 % TD, s. Tabelle 4-3, Seite 32) erzielt wird.

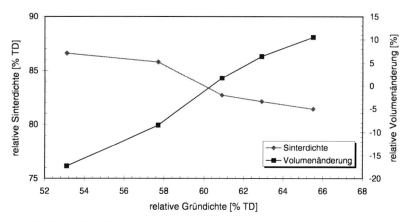

Abbildung 7-6: Sinterdichte und Volumenänderung der Al_PVA65-Keramiken in Abhängigkeit von der Gründichte

Die verschiedenen Phasen im Gefüge der Keramiken können durch Ätzen eines Schliffes mit Flußsäure sichtbar gemacht werden. Dies zeigt Abbildung 7-7.

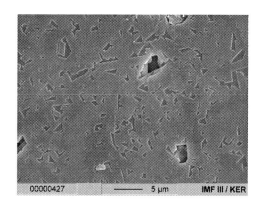

Abbildung 7-7:
REM-Aufnahme (Materialkontrast) einer gesinterten und geätzten Keramik (Al_PVA65)

Neben dem Hauptbestandteil an Mullit (hellgrau) lassen sich in den REM-Aufnahmen (Materialkontrast) sowohl das restliche SiO_2 (dunkelgrau) als auch die Poren nachweisen.

Trotz der geringen Dichte sehen die Formkörper nach dem Sintern makroskopisch sehr gut aus. Abbildung 7-8 zeigt einen mit einer Münze geprägten und gesinterten Formkörper. Mit der entsprechenden Gründichte läßt sich der Sinterschrumpf, bei einer Dichte der Keramiken von ca. 84 % TD, exakt kompensieren. Dies bestätigt die in Abbildung 7-6 dargestellten Ergebnisse.

7 Das System AlSi44/Al₂O₃

Abbildung 7-8:
Geprägte Keramik aus Al_PVA65 (rechts, im Original weiß) im Vergleich zum Prägewerkzeug (links)

Mechanische Eigenschaften

Die in diesem System hergestellten Keramiken weisen äußerst niedrige Dichten auf. Damit einher gehen mechanische Eigenschaften, die nicht den eingangs gestellten Anforderungen genügen (s. Kapitel 2). Die Härte der Formkörper liegt bei ca. 600 - 650 HV5, die Rißzähigkeit bei unter 1 MPa$\sqrt{m}$. Diese große Sprödigkeit führt dazu, daß es bei den Härteeindrücken teilweise zu Materialabplatzungen kommt (Abbildung 7-9).

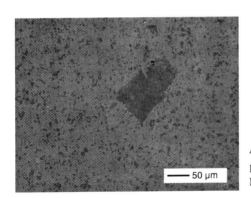

Abbildung 7-9:
Härteeindruck von Al_PVA65: Materialabplatzungen (LM-Aufnahme)

Schlußfolgerung

Die Untersuchungen zu diesem System haben gezeigt, daß grundsätzlich die Kompensation des Sinterschrumpfes möglich ist. Aufgrund der beschriebenen Probleme, d.h. insbesondere die geringen Dichten sowie die teilweise unvollständige Oxidation der Formkörper, ist dieses System ungeeignet, die eingangs gestellten Anforderungen zu erfüllen. Die unter Umständen nicht vollständig ablaufende Oxidation des AlSi44 ist darauf zurückzuführen, daß es sich hierbei um keine intermetallische Verbindung sondern um eine Legierung handelt. Das Oxidationsverhalten ist auf das Verhalten der Einzelkomponenten zurückzuführen. Insbesondere die Oxidation von Silicium ist dabei kinetisch stark gehemmt. Demzufolge hat die Verwendung von Legierungen als reaktive Komponente in einem Reaktionssinterverfahren zur Kompensation des Sinterschrumpfes keinen Vorteil gegenüber der Verwendung von reinen Metallen. Auf eine eingehendere Untersuchung dieses Systems wird aus diesen Gründen verzichtet.

Im Gegensatz dazu soll das System $ZrSi_2$-ZrO_2 ausführlich beschrieben werden. Vor allem der Aspekt der Sinterschrumpfung, der einen der Hauptschwerpunkte der Arbeit bildet, soll näher betrachtet werden. Aber auch die mechanischen Eigenschaften, die im hier beschriebenen System AlSi44-Al_2O_3 nicht weiter bestimmt wurden, werden im System $ZrSi_2$-ZrO_2 eingehender untersucht.

8 Das System ZrSi$_2$-ZrO$_2$

8.1 Grundlegende Untersuchungen

Die grundlegenden Untersuchungen dienen dazu, das Verfahren zur Herstellung der Keramiken[1] festzulegen. Des weiteren werden in diesem Kapitel die wichtigsten Eigenschaften der eingesetzten Edukte besprochen (Kapitel 8.1.2) sowie die Ergebnisse der Untersuchung des Oxidationsverhaltens von ZrSi$_2$ vorgestellt (Kapitel 8.1.3).

8.1.1 Festlegung des Herstellungsverfahrens

Die Herstellung der Keramiken erfolgt prinzipiell wie in Abbildung 4-1 (Seite 27) skizziert. Zur Herstellung der Grünkörper muß darüber hinaus in vorbereitenden Untersuchungen geklärt werden, welche Verfahrensvariante am erfolgversprechendsten ist. Im einzelnen sind deshalb folgende Punkte zu untersuchen:

- Wahl eines geeigneten Binders
- Herstellungsweise des Granulates
- mögliche Varianten zum axialen Pressen als Formgebungsverfahren

Die detaillierte Beschreibung zur Durchführung dieser Versuche findet sich in Kapitel 4.2. Im folgenden sollen die Ergebnisse hierzu kurz erläutert werden. Nach der Klärung dieser grundlegenden Fragen liegt das Verfahren zur Herstellung der Keramiken im wesentlichen fest, und die einzelnen Teilschritte können näher untersucht und optimiert werden.

Wahl des Binders

Die Vorversuche zum System ZrSi$_2$-ZrO$_2$ haben gezeigt, daß PVA und PEG als Binder in diesem Fall ungeeignet sind. Formkörper, die mit Hilfe dieser Binder hergestellt werden, weisen nach dem Entbindern nur geringe Festigkeiten auf und sind nach dem Sintern zudem äußerst porös. Sie zerfallen entweder direkt nach dem Sintern bei Berührung oder sind zumindest mechanisch nicht stark belastbar.

Als erfolgversprechend hat sich hingegen ein System gezeigt, welches von entsprechenden Mischungen aus ZrSi$_2$ und ZrO$_2$ ausgeht und als Binder Polymethylsilsesquioxan (PMSS) enthält. Die Ergebnisse zu diesem System ZrSi$_2$-ZrO$_2$-PMSS werden in den folgenden Kapiteln ausführlich beschrieben. Der Ersatz von PMSS durch ein Polysiloxan mit größeren Alkylresten (z.B. Polypropylphenylsilsesquioxan, PPPSS) bringt dabei keine Verbesserung

---

[1] Zur Nomenklatur der Keramiken vgl. Tabelle 4-1, S. 30

bei der Verarbeitbarkeit des Granulates. Darüber hinaus ist die keramische Ausbeute des PPPSS ($\alpha_{ker.} \approx 49$ %) kleiner als die des PMSS ($\alpha_{ker.} \approx 80$ %), und die erzielte Sinterdichte fällt mit maximal 80 % TD deutlich geringer aus als bei der Verwendung von PMSS als Binder. Da die Formkörper zudem nicht formtreu sintern, wird auf die weitere Verwendung von PPPSS verzichtet.

Die Granulate, die einen sehr hohen PMSS-Anteil (50 - 70 Vol-%, *PMSS als Hauptbestandteil im Granulat*) enthalten, lassen sich äußerst gut verdichten, d.h. eine hohe Gründichte ist bereits mit einem vergleichsweise niedrigen Preßdruck zu erzielen. Das Verfahren hat hingegen den Nachteil, daß die Formkörper bei der thermischen Behandlung unter Umständen zerfließen und ihre äußere Form nicht beibehalten. Der PMSS-Anteil im Granulat wird deshalb üblicherweise auf 30 Vol-% begrenzt.

Herstellung des Granulates

Die Herstellung des Granulates erfolgt durch Entfernen des Lösemittels einer entsprechenden Suspension. Dies geschieht meist durch Sprühtrocknung, bei geringen Mengen kann das Lösemittel auch mittels eines Rotationsverdampfers abgetrennt werden.

Alternativ hierzu kann das Granulat durch Ausfällen des PMSS in der wäßrigen Suspension (aus $ZrSi_2$ und ZrO_2) und anschließender Trocknung des Pulvers hergestellt werden. Die Preßbarkeit des auf diese Weise hergestellten Granulates ist nicht besser als bei einem ansonsten gleichen, jedoch durch Sprühtrocknung hergestellten Granulat. Die erzielbare Sinterdichten sind in beiden Fällen mit etwa 92 % TD ähnlich. Da es jedoch nach dem Eintropfen der Suspension in Wasser zu einer Sedimentation des $ZrSi_2$ kommt - das ZrO_2 bleibt aufgrund der kleineren Partikel länger in der Schwebe - ist das Gefüge des Sinterkörpers äußerst inhomogen. Des weiteren bereitet die Filtration der Suspension aufgrund des sehr feinen ZrO_2 Probleme, da dieses teilweise nicht durch das Filterpapier zurückgehalten wird. Dieses Verfahren zur Herstellung des Granulates wird deshalb nicht weiterverfolgt.

Alternative Formgebungsverfahren

Als Formgebungsverfahrens zur Herstellung der Grünkörper wurde zu Beginn das axiale Trockenpressen festgelegt (Kapitel 2), da es sich hierbei um ein vergleichsweise einfaches Formgebungsverfahren handelt. Alternativ wird überprüft, ob zwei Varianten hierzu die Palette der Abformverfahren erweitern können. Dies sind:

- Abformung über eine pastöse Masse
- Abformung über einen gefüllten Silikonkautschuk

Ausgangspunkt für die *Abformung über eine pastöse Masse* ist das nach der Standardvorschrift hergestellte Granulat (Abbildung 4-1). Dieses wird mit Ethanol vermengt und zum entsprechenden Formkörper verdichtet. Erste Versuche hierzu haben gezeigt, daß diese

Methode eine Möglichkeit darstellt, auf recht einfache Weise und ohne großen Druck Mikroformteile herzustellen. Als Formeinsatzmaterial kann aufgrund der nahezu drucklosen Abformung eine Negativform aus niedrig schmelzendem Wachs verwendet werden. Das Problem der mechanischen Entformung des Grünkörpers vom Prägestempel entfällt dadurch. Das Wachs wird vor der Pyrolyse des Binders ausgeschmolzen. Bei der Herstellung der Formkörper ist darauf zu achten, daß beim Trocknen keine Risse entstehen und die Gründichte dem geforderten Wert entspricht. Aufgrund der äußerst zeitaufwendigen Optimierung wird dieses Verfahren zunächst zurückgestellt.

Bei der *Formgebung über einen gefüllten Silikonkautschuk* ersetzt der Kautschuk das PMSS. Dies hat den Vorteil, daß die mit den entsprechenden Pulvern gefüllte Polymermasse im flüssigen Zustand verarbeitet und im Anschluß daran zum festen Grünkörper ausgehärtet werden kann. Da auch diese Formgebungsvariante nahezu drucklos erfolgt, sind ebenfalls Wachs-Negativformen einsetzbar. Das Verfahren gestaltet sich jedoch äußerst schwierig. Damit eine gute Verarbeitbarkeit der gefüllten Masse sowie eine komplette Polymerisation des Kautschuks gewährleistet ist, darf der Pulverfüllgrad der Masse einen bestimmten Wert nicht überschreiten. Anderseits ist zur vollständigen Kompensation des Sinterschrumpfes ein zuvor zu berechnender Anteil an reaktivem Füllstoff unverzichtbar. Zur Optimierung der mechanischen Eigenschaften sollte außerdem noch zusätzlich eine inerte Komponente hinzugefügt werden. Da diese beiden Effekte gegenläufig sind, ist es in diesem Falle nicht möglich, nach dem Sintern dichte, schrumpfungsfreie Formkörper zu erhalten. Das Verfahren wird daher aufgegeben.

Resümee

Die grundlegenden Untersuchungen zum System $ZrSi_2$-ZrO_2 haben gezeigt, daß die Verwendung von PMSS als Binder erfolgversprechend ist. Das Granulat wird i.a. durch Sprühtrocknung einer entsprechenden Suspension hergestellt. Als Abformverfahren zur Herstellung der Bauteile aus dem Granulat hat sich das Trockenpressen bewährt. Damit ergibt sich für das gesamte Verfahren ein Bild, wie in Abbildung 4-1 (Seite 27) schematisch dargestellt. Die Herstellung strukturierter Formkörper ist dabei durch Prägen des Granulates gewährleistet. Durch den hohen Anteil an PMSS wird der Übergang zu einem typischen Polymerabformverfahren grundsätzlich ermöglicht.

Das Verfahren zur Herstellung schrumpfungsfreier keramischer Mikrobauteile ist somit weitestgehend festgelegt. Im folgenden werden die Eigenschaften der verwendeten Edukte, d.h. im wesentlichen das $ZrSi_2$ und PMSS, untersucht. In Kapitel 8-2 und 8-3 werden die wichtigsten Ergebnisse der Untersuchungen der einzelnen Verfahrensschritte vorgestellt. Anhand der Kenntnis der ablaufenden Vorgänge läßt sich das Reaktionssinterverfahren optimieren. Die daraus resultierenden Eigenschaften der Keramiken werden in Kapitel 8-4 bis 8-6 vorgestellt.

8.1.2 Charakterisierung der Edukte

Die Charakterisierung beschränkt sich auf die Untersuchung des $ZrSi_2$ sowie des PMSS, da diese beiden Verbindungen das gesamte Reaktionssinterverfahren maßgeblich beeinflussen. Das als dritte Komponente eingesetzte ZrO_2 wird, da es als inerte Komponente das Verfahren nur unwesentlich beeinflußt, nicht näher untersucht. Auf die Beschreibung der Ergebnisse zur Charakterisierung des ebenfalls teilweise verwendeten Binders PVB wird ebenfalls verzichtet, da auch dieser von untergeordneter Bedeutung für das gesamte Verfahren ist.

Charakterisierung des PMSS

Die Charakterisierung des PMSS soll Aufschluß über zwei wichtige Aspekte liefern. Zum einen soll der Zusammenhang zwischen der Preßbarkeit des Granulates und der Preßtemperatur anhand der Bestimmung der Viskosität des PMSS hergestellt werden. Zum andern sind Informationen über das Verhalten der Formkörper beim Entbindern für den gesamten Prozeß von großer Bedeutung. Hierzu dient die Thermische Analyse des PMSS.

An dieser Stelle muß angemerkt werden, daß beim PMSS zwei verschiedene Chargen (im folgenden mit alt und neu bezeichnet, gleicher Lieferant) verwendet werden. Für die grundlegenden Untersuchungen und zur Bestimmung der ersten mechanischen Eigenschaften wird die Charge alt verwendet. Die daraus hergestellten Granulate zeichnen sich durch eine sehr gute Preßbarkeit aus. Zur Bestimmung des Einflusses der Stöchiometrie auf die mechanischen Eigenschaften wird die Charge neu verwendet. Die daraus hergestellten Granulate weisen eine deutlich schlechtere Preßbarkeit auf (s. Kapitel 8.2.2).

Der mittels einer Wärmebank bestimmte Erweichungsbeginn des PMSS liegt bei etwa 70 °C. Deshalb ist der Temperaturbereich ab 80 °C für die Bestimmung der Viskosität interessant. Bei 80 °C ist jedoch noch keine Bestimmung möglich, da das PMSS bei dieser Temperatur noch nicht vollständig aufgeschmolzen ist. Bei 140 °C hingegen besitzt das PMSS bereits eine so geringe Viskosität, daß diese mit dem zur Verfügung stehenden Kapillarviskosimeter nicht mehr bestimmt werden kann. Abbildung 8-1 zeigt die erhaltenen Ergebnisse für 100 und 120 °C am Beispiel des PMSS neu. Von PMSS alt standen keine ausreichend großen Substanzmengen zur Verfügung.

8 Das System ZrSi$_2$-ZrO$_2$

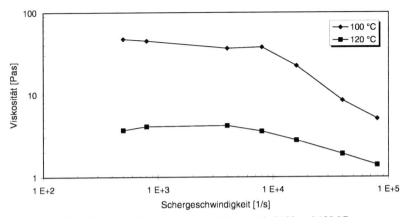

Abbildung 8-1: Viskosität von PMSS (neu) bei 100 und 120 °C

Der Verlauf der Viskosität ist typisch für einen Thermoplasten. Die Viskosität nimmt mit steigender Temperatur ab, beim Übergang von 100 zu 120 °C beträgt der Unterschied ca. eine Größenordnung. Das PMSS zeigt darüber hinaus deutlich strukturviskose Eigenschaften, da die Viskosität mit steigender Schergeschwindigkeit sinkt.

Ein typischer Verlauf der Thermischen Analyse des PMSS an Luft zeigt Abbildung 8-2. Es ist deutlich ein zweistufiger Abbaumechanismus zu erkennen. Die erste Stufe zwischen 200 und 300 °C ist mit einer sehr schwachen Wärmetönung verknüpft, bei der zweiten Stufe im Bereich von 400 - 600 °C findet hingegen eine stark exotherme Reaktion statt. Bei ca. 75 °C ist der endotherme Schmelzpeak zu erkennen.

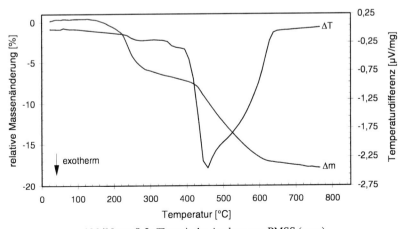

Abbildung 8-2: Thermische Analyse von PMSS (neu)

Die beobachteten Massenänderungen $\Delta \tilde{m}$ sowohl für die alte als auch für die neue Charge PMSS sind in Tabelle 8-1 aufgeführt. Aus der gemessenen Massenabnahme bei der Pyrolyse läßt sich zunächst die keramische Ausbeute bestimmen und daraus eine Volumenänderung $\Delta \tilde{V}_{PMSS}$ von $- 59,5$ bzw. $- 58,0$ % berechnen (s. Gl. 3-11, Seite 13). Die alte Charge weist Tabelle 8-1 zufolge einen höheren Anteil an leichterflüchtigen Komponenten auf. Um welche Pyrolyseprodukte es sich dabei handelt, kann mittels der TA-IR-Kopplung nachgewiesen werden (Abbildung 8-3).

Tabelle 8-1: Ergebnisse der Thermischen Analyse von PMSS

Charge	$\Delta \tilde{m}$ [%], bei T = ...			$\alpha_{ker.}$ [%]
	bis 320 °C	320 - 620 °C	620 - 1300 °C	
alt	- 11	- 10,5	- 0,5	78,0
neu	- 7,5	- 10,5	- 1,0	81,5

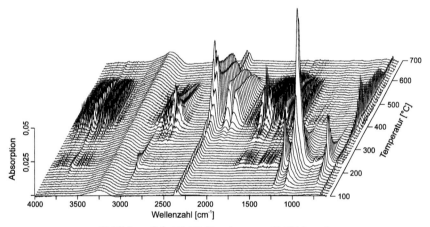

Abbildung 8-3: TA-IR-Kopplung von PMSS (neu)

Anhand der TA-IR-Kopplung ist bei etwa 235 °C ein erstes, deutliches Intensitätsmaximum der IR-Spektren zu beobachten. Dieses Spektrum (s. Anhang E, Abbildung E-1) wird zur Identifizierung des freigesetzten Gases herangezogen. Tabelle 8-2 zeigt eine Zuordnung der beobachteten Banden zu den entsprechenden Schwingungen.

8 Das System ZrSi$_2$-ZrO$_2$

Tabelle 8-2: Zuordnung der Banden des IR-Spektrums bei 235 °C (s. Abbildung 8-3)

Bande [cm^{-1}]	Intensität	zugeordnete Schwingung	Literatur
2990	schwach	ν(C–H)	1
1275	stark	δ(Si–CH$_3$)	2 - 5
1190	Schulter	ρ$_r$(O–CH$_3$)	3, 5
1125	sehr stark	ν(C–O)	3
1090 - 1070	Schulter	Gerüstschwingung Si–O–Si	2, 4, 5
770	stark	ν(Si–O)	3

ν: Streckschwingung; δ: symmetrische Deformationsschwingung; ρ$_r$: rocking
1: HESSE87, 2: LAZAREV66, 3: FORNERIS58, 4: TANAKA58, 5: KRIEGSMANN58

Bei dem bis etwa 260 °C freigesetzten Gas handelt es sich gemäß der Analyse um niedermolekulare Polysiloxane. Diese dampfen unzersetzt aus dem PMSS ab. Bei Temperaturen von mehr als 350 °C, mit einem deutlichen Maximum der Intensität bei ca. 430 °C, beginnt die Verbrennung des PMSS. Dabei entsteht neben Kohlendioxid (CO$_2$) und Wasser auch Kohlenmonoxid (CO) sowie eine weitere, zunächst unbekannte Verbindung. In Tabelle 8-3 sind die Banden, die im Spektrum bei 430 °C (s. Anhang E, Abbildung E-1) zu beobachten sind, den entsprechenden Verbindungen zugeordnet. Die auftretenden Bandenaufspaltungen sind auf die Rotationsschwingungskopplung zurückzuführen.

Tabelle 8-3: Zuordnung der Banden des IR-Spektrums bei 430 °C (s. Abbildung 8-3)

Bande [cm^{-1}]	zugeordnete Schwingung	Verbindung	Literatur
3760	ν$_{as}$(O–H)	H$_2$O	ATKINS87
3650	ν$_s$(O–H)	H$_2$O	ATKINS87
2700 - 2900	? (s. Text)	? (s. Text)	
2350	ν$_{as}$(C–O)	CO$_2$	ENGELKE85
2140	ν(C–O)	CO	ENGELKE85
1595	δ(O–H)	H$_2$O	ATKINS87
670	δ(C-O)	CO$_2$	ENGELKE85

δ: Deformationsschwingung; ν: Streckschwingung; s: symmetrisch; as: asymmetrisch

Bei der im IR-Spektrum bei 430 °C zu erkennenden, zunächst unbekannten Verbindung handelt es sich um Formaldehyd, wie eine eingehendere Untersuchung zeigt. Die im Bereich 2700 bis 2900 cm^{-1} auftretenden Banden sind typisch für Aldehyde [HESSE87]. Hier überlagern sich die symmetrische (2765 cm^{-1}) und asymmetrische (2845 cm^{-1}) Streckschwingung ν(C–H) des Aldehyds [BLAU57]. Die für Formaldehyd noch zu erwartende Deformationsschwingung δ(C=O) bei 1745 cm^{-1} fällt mit der äußerst breiten Wasserbande (bei 1595 cm^{-1}) zusammen und ist deshalb nur schlecht zu erkennen (s. Anhang E, Abbildung E-1).

Ab einer Temperatur von ca. 630 °C ist die Pyrolyse nahezu vollständig abgeschlossen. Die Probenmasse ändert sich nur noch geringfügig (s. Abbildung 8-1), und es können keine Zersetzungsgase mehr beobachtet werden. Die Drift der CO_2-Bande sowie der Eisbande bei 3250 cm^{-1} ist gerätetechnisch durch das FT-IR-Spektrometer bedingt.

Charakterisierung des $ZrSi_2$

Bei der Untersuchung des $ZrSi_2$ sind insbesondere die Zusammensetzung und die resultierende maximale Volumen- bzw. Massenzunahme bei der Oxidation von Interesse. Zur Bestimmung der Zusammensetzung wird das $ZrSi_2$-Pulver zunächst bei 1600 °C für 24 h an Luft geglüht. Dabei ergeben sich die in Tabelle 8-4 zusammengestellten Werte. Die entsprechende Thermische Analyse des $ZrSi_2$ ist im Anhang E (Abbildung E-4) zu finden.

Tabelle 8-4: Eigenschaften von bei 1600 °C geglühtem $ZrSi_2$

Massenzunahme:	62 - 63 %
Stöchiometrie:	33,3 mol-% ZrO_2
	66,7 mol-% SiO_2
Phasenbestand:	$ZrSiO_4$ + freies SiO_2

Die maximale Massenzunahme liegt geringfügig unter dem theoretischen Wert von 65 %. Die mittels RFA bestimmte Stöchiometrie sowie der anhand der Pulverdiffraktometrie ermittelte Phasenbestand stimmen mit der Theorie überein.

Es muß jedoch angemerkt werden, daß zur Herstellung der in Tabelle 4-1 bzw. 4-2 aufgeführten Keramiken verschiedene Chargen an $ZrSi_2$ eingesetzt werden, die sich hinsichtlich ihrer Zusammensetzung geringfügig unterscheiden (s. auch Tabelle 4-1a, Seite 31). Diese Unterschiede besitzen einen deutlichen Einfluß auf die Eigenschaften der gesinterten Keramiken (s. Kapitel 8-4). Die Ursache hierfür kann in der bereits im Ausgangspulver zu beobachtenden, unterschiedlichen Phasenzusammensetzung begründet sein. Abbildung 8-4 zeigt einen Vergleich von drei unterschiedlichen Chargen an $ZrSi_2$.

8 Das System ZrSi$_2$-ZrO$_2$

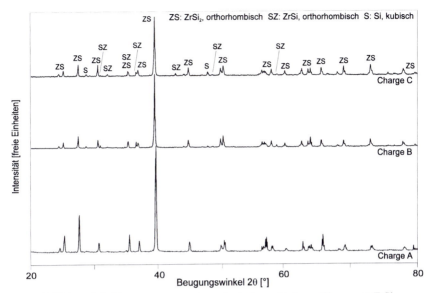

Abbildung 8-4: Phasenzusammensetzung in drei verschiedenen Chargen an ZrSi$_2$

Hauptbestandteil aller Chargen bildet erwartungsgemäß das ZrSi$_2$. Die Charge A besteht aus reinem ZrSi$_2$, daneben lassen sich zum Teil weitere Phasen nachweisen (Chargen B und C). Aufgrund der geringen Intensitäten ist die genaue Analyse recht schwierig. Mit recht großer Sicherheit können ZrSi und elementares Silicium nachgewiesen werden. Da die Summenzusammensetzung (mittels RFA) in allen Fällen ein Atomverhältnis Zr/Si ≈ 1/2 liefert, muß daneben Zirkonium in einer röntgenamorphen Phase vorliegen. Aufgrund der großen Sauerstoffaffinität von Zirkonium selbst bei Raumtemperatur muß mit dem Vorliegen von ZrO$_2$ bzw. von in Zirkonium gelöstem Sauerstoff gerechnet werden. Das Vorhandensein dieser zirkoniumreichen Phasen läßt sich anhand der WDX-Analysen in den heiß-isostatisch gepreßten ZrSi$_2$-Formkörpern (s. Kapitel 5 und Abbildung E-2, Anhang E) bestätigen. Abbildung 8-5 zeigt die Materialkontrastaufnahme der Probe (Charge B), in Abbildung 8-6 ist die dazugehörige WDX-Analyse (*linescan*) dargestellt. Dazu muß angemerkt werden, daß keine Kalibrierkurve zur Verfügung steht. Die WDX-Analyse enthält also lediglich Zählraten für die verschiedenen Elemente.

Die in der Materialkontrastaufnahme des ZrSi$_2$ zu erkennenden, verschiedenen Phasen können mit der WDX-Analyse näher charakterisiert werden. Es lassen sich die in Tabelle 8-5 beschriebenen Bereiche unterscheiden. Für diese Bereiche wird ein Vorschlag für eine denkbare Verbindung gemacht. Die geringe Zählrate an Zirkonium ist auf den ausgewählten Reflektorkristall, die für ZrSi$_2$ hohe Basis-Zählrate an Sauerstoff auf eine Oxidschicht an der Oberfläche der Proben zurückzuführen.

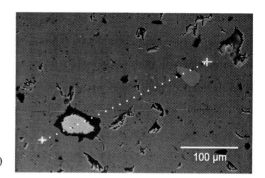

Abbildung 8-5:

Materialkontrastaufnahme von heißisostatisch gepreßtem $ZrSi_2$ (Charge B); mit Spur für WDX-Analyse (s.u.)

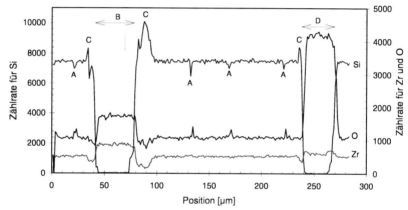

Abbildung 8-6: WDX-Analyse des $ZrSi_2$ entlang der Linie in Abbildung 8-5 (zu den Bereichen A, B, C, D s. Tabelle 8-5 und Text)

Tabelle 8-5: Zuordnung der auftretenden Phasen im $ZrSi_2$

Bezeichnung[1]	Farbe[2]	mögliche Verbindung
Matrix	grau	$ZrSi_2$
A	nicht zu erkennen	ZrO_2?
B	weiß	$Zr(O)$
C	schwarz	Si bzw. ZrSi
D	hellgrau	ZrO_2

[1] gemäß Abbildung 8-6; [2] gemäß Abbildung 8-5

Die WDX-Analyse bestätigt die Ergebnisse der Diffraktometrie. Die Pulver bestehen nicht ausschließlich aus $ZrSi_2$ (Matrix) sondern enthalten noch weitere Phasen. Neben einer siliciumreichen Phase (reines Silicium oder ZrSi, Bereich C) lassen sich mit Hilfe dieser Methode die mit der Diffraktometrie nicht bestimmbaren, zirkoniumreichen Phasen nachweisen. Es handelt sich dabei vermutlich um ZrO_2 (D) bzw. um Zirkonium mit einem geringen Anteil an Sauerstoff (Zr(O), Bereich B). Ob in letzterem Fall der Sauerstoff im Zirkonium gelöst ist oder das Zirkonium an der Oberfläche oxidiert ist, kann nicht unterschieden werden. Bei den Bereichen A handelt es sich vermutlich um kleine Inseln aus ZrO_2. Das Auflösungsvermögen der Mikrosonde läßt in diesem Fall keine genauere Analyse zu.

8.1.3 Untersuchungen zur Oxidation des $ZrSi_2$

Oxidation von Pulvern

Die Bestimmung des Umsatzes an $ZrSi_2$ anhand der kontinuierlichen TG- und der diskontinuierlichen Kammerofenversuche liefert nahezu identische Ergebnisse (Abbildung 8-7). Der Umsatz an $ZrSi_2$ läßt sich direkt aus der gemessenen Massenzunahme der Proben bestimmen (s. Gl. 3-17, Seite 23). Die Rohdaten zur Thermischen Analyse sind im Anhang E graphisch dargestellt (Abbildung E-5).

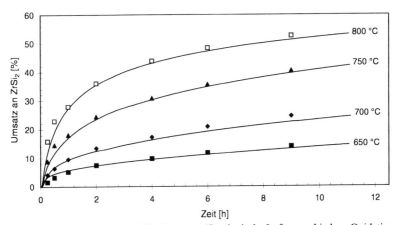

Abbildung 8-7: Vergleich des $ZrSi_2$-Umsatzes (Synthetische Luft, verschiedene Oxidationstemperaturen) bei den Kammerofen- (Punkte) und TG-Versuchen (Linien)

Je höher die Temperatur ist, desto größer ist nach gleicher Reaktionszeit der Umsatz an $ZrSi_2$. Die Anfangsoxidationsrate wächst ebenfalls mit zunehmender Temperatur an. Für alle Temperaturen ist zudem die Oxidationsrate zu Beginn maximal und nimmt dann schnell ab. Nach etwa 10 h Oxidationszeit ändert sich der Umsatz nur noch wenig. Bei einer Temperatur von

650 °C beträgt nach dieser Zeit der Umsatz an ZrSi$_2$ ca. 12 %, bei 800 °C hingegen etwa 50 %.

Einen großen Einfluß auf den Umsatz hat das Reaktionsgas. Im Vergleich zu Synthetischer Luft (p_{O2} = 0,2) wird bei Verwendung von reinem Sauerstoff (p_{O2} = 1) nach gleicher Reaktionszeit ein größerer Umsatz erzielt. Durch Sättigung des Gases mit Wasserdampf bei Raumtemperatur läßt sich in beiden Fällen der Umsatz erhöhen (s. Anhang E, Abbildung E-6). Die im folgenden beschriebenen Versuche zur Bestimmung der kinetischen Daten werden, in Analogie zum Reaktionssinterverfahren, unter trockener Luft durchgeführt.

Zur Berechnung der spezifischen Massenänderung muß zuvor die BET-Oberfläche (S_{BET}) der Pulver bestimmt werden. Dabei zeigt sich, daß sich die Oberfläche der Pulver im Laufe der Reaktion ändert. Dies ist besonders stark ausgeprägt bei hohen Temperaturen, wie Abbildung 8-8 verdeutlicht.

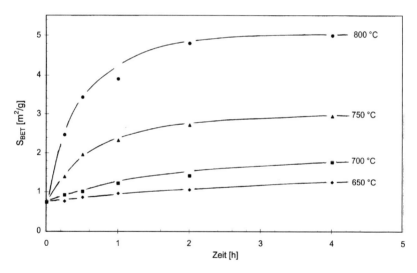

Abbildung 8-8: BET-Oberfläche des ZrSi$_2$ nach den Oxidationsversuchen (im Kammerofen)

Die spezifische Oberfläche nimmt bei hohen Oxidationstemperaturen um ein Vielfaches zu. Zudem hängt die spezifische Oberfläche nicht nur vom Umsatz, sondern auch von der jeweiligen Reaktionstemperatur ab (s. Anhang E, Abbildung E-7). Ein Umsatz von 12 % geht beispielsweise bei 650 °C mit einer Oberflächenzunahme um den Faktor 2, bei 800 °C hingegen um den Faktor 4 einher. Im Bereich bis 700 °C ist $S_{BET}(U)$ nahezu unabhängig von der Temperatur.

8 Das System ZrSi$_2$-ZrO$_2$

Die spezifische Massenänderung zur Zeit t kann anhand der experimentell beobachteten Massenänderung und der spezifischen Oberfläche berechnet werden. In Erweiterung von Gl. 3-12 (Seite 22) gilt:

$$\Delta m_{spez.}(t) = \frac{\Delta m(t)}{S_{BET}(t)} = (k \cdot t)^{1/n} \qquad \text{Gl. 8-1}$$

Bei der Untersuchung der Oxidation von Pellets, dünnen Schichten oder Wafern ist es allgemein üblich, die Massenänderung auf die Anfangsoberfläche ($S_{BET}(t = 0)$) zu beziehen [LAVRENKO85, BARTUR84, DEAL71]. Deshalb wird auch in diesem Fall die Massenänderung auf $S_{BET}(t = 0)$ bezogen. Die Bestimmung der BET-Oberfläche im Ausgangspulver liefert einen Wert von 0,74 m^2/g. Für die spezifische Massenänderungen ergeben sich damit die in Abbildung 8-9 dargestellten Werte. Dabei erhält man für Temperaturen oberhalb von 750 °C, also dem Bereich, ab welchem $S_{BET}(U)$ stark temperaturabhängig ist, nach diesem Ansatz keine geschlossen auswertbaren Zusammenhänge zwischen $\Delta m_{spez.}$ und t, da sich im Laufe der Zeit die Steigung der Geraden und damit auch das Geschwindigkeitsgesetz der Reaktion ändert.

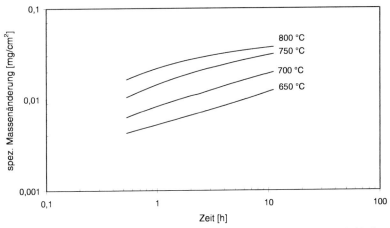

Abbildung 8-9: Spezifische Massenänderungen von ZrSi$_2$ bei verschiedenen Oxidationstemperaturen (mit: S_{BET} = const. = $S_{BET}(t = 0)$)

Anhand Abbildung 8-9 läßt sich für 650 und 700 °C das folgende Geschwindigkeitsgesetz ableiten:

$$\Delta m_{spez.} = k \cdot t^{0,36} \qquad \text{Gl. 8-2}$$

mit $k_{650\,°C} = 1,2 \cdot 10^{-3}$ mg/(cm^2·min^{0,36})
$k_{700\,°C} = 1,9 \cdot 10^{-3}$ mg/(cm^2·min^{0,36})

Anhand der Arrhenius-Darstellung ergibt sich aus diesen beiden Werten eine Aktivierungsenergie von 68,6 kJ/mol. Da zur Berechnung nur zwei Stützstellen herangezogen werden, ist dieser Wert lediglich als grober Anhaltspunkt zu betrachten. Für Umsätze bis etwa 40 % läßt sich auch für Temperaturen von 750 bzw. 800 °C obiges Geschwindigkeitsgesetz (Gl. 8-2) für die Oxidation ableiten. Dabei ergeben sich die Geschwindigkeitskonstanten zu:

$$k_{750\,°C} = 3{,}4 \cdot 10^{-3} \text{ mg/(cm}^2\cdot\text{min}^{0{,}36}) \text{ bzw.}$$

$$k_{800\,°C} = 5{,}0 \cdot 10^{-3} \text{ mg/(cm}^2\cdot\text{min}^{0{,}36}).$$

Abbildung 8-10 zeigt die Abhängigkeit der Geschwindigkeitskonstanten von der Temperatur in Form des Arrhenius-Diagramms. Aus der Steigung der Geraden läßt sich eine Aktivierungsenergie von 80,0 kJ/mol berechnen.

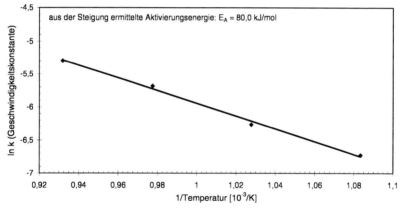

Abbildung 8-10: Geschwindigkeitskonstante für die Oxidation von $ZrSi_2$ (für $U(t) < 40$ %) in Abhängigkeit von der Temperatur

Für $ZrSi_2$ sind keine entsprechenden Literaturwerte bekannt. Aus diesem Grund wird das sehr gut untersuchte $TiSi_2$ als Vergleichswert herangezogen. Laut [BARTUR84] verhalten sich $TiSi_2$ und $ZrSi_2$ ähnlich bei der Oxidation. Für die Oxidation von $TiSi_2$ wird ein Wert von $E_A = 89{,}5$ kJ/mol angegeben [SCHWETTMANN71]. Laut [BEYERS86] hingegen unterscheiden sich $TiSi_2$ und $ZrSi_2$ deutlich in ihrem Oxidationsverhalten. Demzufolge entsteht beim $TiSi_2$ bereits zu Beginn der Oxidation SiO_2. Beim $ZrSi_2$ entsteht zu Beginn der Oxidation jedoch zunächst ZrO_2. Die Aktivierungsenergie sollte damit für kleine Umsätze in erster Linie mit der Oxidation von reinem Zirkonium (s. hierzu: [GMELINS58]) vergleichbar sein. Für Temperaturen bis knapp 800 °C ergibt sich für die Oxidation von Zirkoniumblechen eine Aktivierungsenergie von 76 kJ/mol [GULBRANSEN49], für höhere Temperaturen wird hingegen ein Wert von 140 kJ/mol angegeben [CUBICCIOTTI49]. Somit entspricht die im Temperaturbereich von 650 - 800 °C für die Oxidation des $ZrSi_2$ ermittelte Aktivierungsenergie (80 kJ/mol) dem von [GULBRANSEN49] angegebenen Wert. Dadurch läßt sich indirekt das von [Beyers86] vorgeschlagene Phasendiagramm bestätigen, d.h. zu Beginn der Oxidation wird tatsächlich zuerst das Zirkonium aufoxidiert.

Oxidation kompakter Körper

Zur Ermittlung der kinetischen Daten wird die Dicke der entstehenden Oxidschicht in Abhängigkeit von Reaktionszeit und -temperatur bestimmt. Dies setzt voraus, daß sich eine gleichförmige Reaktionsfront ausbildet. Anhand Abbildung 8-11 ist zu erkennen, daß mit fortschreitender Oxidation sich die Reaktionsfront (mittelgrau) immer stärker zerfasert. In dieser Reaktionszone sind noch immer Reste an $ZrSi_2$ (hellgrau) zu erkennen.

Abbildung 8-11: Oxidation von $ZrSi_2$-Pellets: Reaktionszone (mittelgrau) nach unterschiedlichen Oxidationszeiten (T = 1100 °C), links: 1 h, mitte: 4 h, rechts: 24 h (REM, Materialkontrast)

Die Bestimmung der Oxidschichtdicke ist deshalb äußerst unsicher bzw. gänzlich unmöglich, da es zudem teilweise zu einem Abplatzen der Oxidschicht kommt. Obige Bedingung, daß die Reaktionsfront sich gleichmäßig ausbildet, wird nicht erfüllt. Anhand der im Rahmen dieser Arbeit zur Verfügung stehenden Möglichkeiten ist aus diesem Grund die Modellierung der Reaktion und daraus die Bestimmung der kinetischen Daten nicht möglich. Die Untersuchung der Oxidation von $ZrSi_2$ liefert jedoch einige wertvolle, qualitative Informationen.

Bei einer Oxidationstemperatur von 800 °C liegt die Dicke der Oxidschicht nach 24 h bei ca. 1-2 µm und ist demzufolge nur schwer mit der EDX-Analyse nachzuweisen. Die bei 1100 °C und einer Oxidationszeit von 1 h vorliegende Oxidschicht weist an den dünnsten Stellen bereits eine Dicke von einigen Mikrometern auf. Dies hat Konsequenzen auf die für die Oxidation der Formkörper einzustellenden Oxidationstemperaturen im Laufe des Reaktionssinterverfahrens (s. Kapitel 8.2.3). Nach einer Oxidationszeit von 24 h bei einer Temperatur von 1100 °C ist die Schicht bis zu 60 µm dick.

Im folgenden soll die chemische Zusammensetzung der Reaktionszone („Oxidschicht") näher betrachtet werden. In Abbildung 8-12 ist eine vergrößerte Darstellung einer Schicht abgebildet. Abbildung 8-13 zeigt zudem einen EDX-*linescan* über die Oxidschicht.

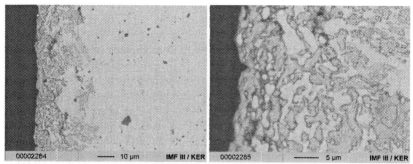

Abbildung 8-12: Oxidschicht auf einem $ZrSi_2$- Pellet nach einer Oxidationszeit von 9 h bei T = 1100 °C (REM, zwei unterschiedliche Vergrößerungen, Materialkontrast)

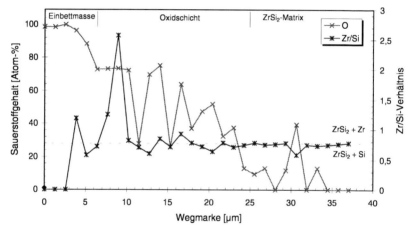

Abbildung 8-13: EDX-*linescan* durch die Oxidschicht an einer willkürlich ausgewählten Stelle der in Abbildung 8-12 dargestellten Probe

Mittels des EDX-*linescans* läßt sich die Zusammensetzung der Oxidschicht näher untersuchen. Da für alle Proben ähnliche Ergebnisse erhalten werden, sollen die wichtigsten Erkenntnisse an dieser Probe exemplarisch diskutiert werden. In Abbildung 8-13 ist neben dem Sauerstoffgehalt auch das Verhältnis Zr/Si eingetragen. Da es sich bei der EDX-Analyse lediglich um eine halbquantitative Abschätzung handelt, stimmt das Zr/Si-Verhältnis in der Matrix nicht mit dem theoretischen Wert von 0,5 überein. Es wird ein zu großer Zirkoniumgehalt vorgetäuscht. Entsprechend den REM-Aufnahmen sind in der Oxidschicht ebenfalls unterschiedliche Bereiche zu erkennen. Neben Inseln aus noch nicht umgesetztem $ZrSi_2$ (Zr/Si ≈ 0,8, geringer Sauerstoffgehalt) sind deutlich Bereiche aus ZrO_2 zu erkennen (Zr/Si > 0,8, hoher Sauerstoffanteil). Für das Auftreten dieser großen ZrO_2-Inseln gibt es zwei Gründe.

Einerseits sollten zu Beginn der Oxidation laut Phasendiagramm ZrO_2, $ZrSi_2$ und Silicium im Gleichgewicht stehen (s. Abbildung 3-4, Seite 20). Andererseits enthält das $ZrSi_2$-Ausgangsmaterial bereits Ausscheidungen an ZrO_2 (s. vorhergehendes Kapitel). Die laut Phasendiagramm zu erwartende Silicium-Phase (Zr/Si < 0,8, geringer Sauerstoffanteil) ist nur andeutungsweise zu erkennen. Das Ortsauflösungsvermögen des EDX, das bei etwa 1 µm liegt, reicht hierfür nicht aus.

Ebenso läßt sich aufgrund der zu geringen Ortsauflösung der EDX-Analyse die genaue Zusammensetzung der feinen, verästelten Strukturen, die in Abbildung 8-12 (rechts) zu erkennen sind, nicht ermitteln. Die Verästelungen zeigen, daß die Oxidation von den Korngrenzen des $ZrSi_2$ ausgeht. Der dafür benötigte Sauerstoff wird über Korngrenzen- bzw. Oberflächendiffusion antransportiert.

8.2 Herstellung der Keramiken

Das gesamte Verfahren zur Herstellung der Keramiken, d.h. insbesondere die dabei erzielbaren Dichten und mechanischen Eigenschaften der Formkörper, wird durch folgende Parameter stark beeinflußt:

- Pulveraufbereitung
- Verarbeitbarkeit des Granulates
- Temperaturführung bei der thermischen Behandlung der Formkörper

Diese Faktoren werden deshalb ausgiebig untersucht und sollen im folgenden näher erläutert werden.

8.2.1 Pulveraufbereitung

Der erste Schritt des Verfahrens ist der Mahl- und Mischmahlprozeß der Ausgangspulver $ZrSi_2$ und ZrO_2. Dabei kommt vor allem der Feinheit des $ZrSi_2$ eine große Bedeutung zu. In Tabelle 8-6 sind schematisch die Erfahrungen zusammengefaßt, wie sich die Wahl des Mahlmediums (Ethanol bzw. Hexan) und die Größe der Mahlkugeln auf die Qualität des erhaltenen $ZrSi_2$-Pulvers auswirken.

Neben der reinen Mahlwirkung, d.h. der erzielbaren Pulverfeinheit, sind darüber hinaus auch praktische Gesichtspunkte, wie etwa die Handhabbarkeit beim Mahlen, zu berücksichtigen. Des weiteren sind die unter Umständen bereits beim Mahlen teilweise erfolgende Oxidation des $ZrSi_2$ und der Kugelabrieb an ZrO_2 zu beachten. Ein großer ZrO_2-Abrieb sowie eine bereits beim Mahlen teilweise erfolgende Oxidation haben zur Folge, daß der Anteil an $ZrSi_2$, der im Grünkörper später für die Volumenvergrößerung zur Verfügung steht, kleiner ist als bei der Ansatzberechnung angenommen. Dies bedeutet aber wiederum, daß die Gründichte zum Ausgleich des Sinterschrumpfes auf S = 0 größer sein muß. Ein Abrieb an ZrO_2 liefert zudem eine ZrO_2-reichere Keramik als in Tabelle 4-2 (Seite 32) angegeben.

Tabelle 8-6: Einflüsse des Mahlmediums und der Mahlkugeln auf den Mahlprozeß

Mahlschritt	Mahlwirkung	Handhabbarkeit	Oxidationsschutz	ZrO_2-Abrieb
mit Ethanol	++	++	–	+/–
mit Hexan	+	–	+	+/–
große Kugeln	–	+	+/–	+
kleine Kugeln	++	–	+/–	—

++ sehr gut, + gut, +/– kein Einfluß, – schlecht, — sehr schlecht

Als guter Kompromiß zwischen den jeweiligen Vor- und Nachteilen hat sich das Mahlen des $ZrSi_2$ in Ethanol mit großen Kugeln erwiesen. Das Massenverhältnis von Pulver zu Kugeln wird dabei meist auf etwa 1 eingestellt (s. hierzu Kapitel 4.3.1). Die bei Verwendung von Ethanol im Vergleich zu Hexan in etwas größerem Maße erfolgende Oxidation des $ZrSi_2$ wird zugunsten einer besseren Mahlwirkung und Handhabbarkeit akzeptiert. Der äußerst große Kugelabrieb bei Verwendung vieler kleiner Mahlkugeln kann hingegen nicht toleriert werden.

Die Untersuchung der weiteren Einflüsse des Mahlens erfolgt für ein Verhältnis Pulver/Kugeln von eins. In Abbildung 8-14 ist die Partikelfeinheit des $ZrSi_2$-Pulvers in Abhängigkeit von der Mahldauer dargestellt.

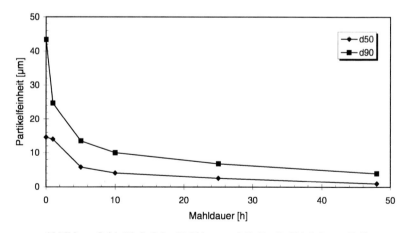

Abbildung 8-14: Einfluß der Mahldauer auf die Partikelfeinheit von $ZrSi_2$

Nach 24 h Mahldauer ändert sich der d_{50}-Wert (zur Definition s. Kapitel 6.2) nur noch geringfügig. Nach 48 h hat der Anteil an Partikeln mit größer 2 µm Durchmesser deutlich abgenommen, wie einerseits die Abnahme des d_{90}-Wertes in Abbildung 8-14 und andererseits die gesamte Verteilungsfunktion in Abbildung 8-15 zeigt.

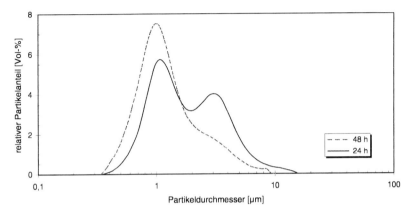

Abbildung 8-15: Partikelgrößenverteilung des $ZrSi_2$ nach 24 und 48 h Mahldauer

Neben dem Einfluß der Teilchenfeinheit auf das Reaktionssinterverfahren muß außerdem auf die bereits erwähnte teilweise Oxidation des $ZrSi_2$ sowie den Kugelabrieb an ZrO_2 näher eingegangen werden, da diese Faktoren sich stark auf den sich einstellenden Sinterschrumpf auswirken. Der Einfluß auf die dadurch geringer werdende relative Volumenvergrößerung $\Delta \tilde{V}_{ZrSi2}$ kann anhand der damit einhergehenden und ebenfalls abnehmenden relativen Massenzunahme $\Delta \tilde{m}_{ZrSi2}$ abgeschätzt werden (s. auch Kapitel 8.5.3). Es wird ein Korrekturfaktor f [-] eingeführt, für den gilt:

$$f = \Delta \tilde{m}_{1600} / \Delta \tilde{m}_{ZrSi2, theoretisch} \qquad \text{Gl. 8-3}$$

mit $\Delta \tilde{m}_{1600}$: experimentell bestimmte Massenänderung nach 1600 °C, 24 h [-]

Damit ergibt sich ein korrigierter Wert für die tatsächlich zu beobachtende Volumenänderung des $ZrSi_2$ von:

$$\Delta \tilde{V}_{korrigiert} = f \cdot \Delta \tilde{V}_{theoretisch} \qquad \text{Gl. 8-4}$$

Tabelle 8-7 gibt eine Zusammenfassung über die Abhängigkeit des Korrekturfaktors von der Mahldauer. Daneben wird an den komplett aufoxidierten Proben die chemische Zusammensetzung mittels RFA bestimmt. Aufgrund des Mischmahlens von $ZrSi_2$ und ZrO_2 erniedrigt sich die maximale Massenzunahme noch weiter. Der entsprechende Korrekturfaktor für eine ausgewählte Pulvermischung (Zr_79,5/20+10(S)) wird ebenfalls in Tabelle 8-7 mit aufgenommen.

Tabelle 8-7: Einfluß der Mahldauer des $ZrSi_2$ auf die maximale Massenänderung

Mahldauer	$\Delta\tilde{m}_{1600}$ [%]	Korrekturfaktor f	Zusammensetzung [mol-%][1]
ungemahlen	62,2	0,957	RFA: ZrO_2: 33,4; SiO_2: 66,6
24 h	61,5	0,946	RFA: ZrO_2: 33,6; SiO_2: 66,4
48 h	59,7	0,918	RFA: ZrO_2: 33,9; SiO_2: 66,1
72 h[2]	29,5	0,894	RFA: ZrO_2: 51,0; SiO_2: 48,1; Y_2O_3: 0,9

[1] bestimmt nach der Oxidation bei 1600 °C, 24 h,
[2] nach dem Mischmahlen, Werte für Zr_79,5/20+10(S)

Das ungemahlene $ZrSi_2$ ist nach der Oxidation leicht graustichig, d.h. die Oxidation ist nicht vollständig abgelaufen. Daher ist der Korrekturfaktor f kleiner als 1. Die chemische Zusammensetzung entspricht dem theoretisch erwarteten Wert. Mit zunehmender Mahldauer nimmt der Anteil an ZrO_2 zu, der Korrekturfaktor nahezu linear mit der Zeit t ab. Experimentell läßt sich nach jeweils 24-stündigem Mahlen von 100 g Pulver mit 100 g Kugeln (d = 10 mm) ein Kugelabrieb von etwa 1,5 g ZrO_2 feststellen. Dies allein kann jedoch die deutliche Abnahme des $\Delta\tilde{m}$-Wertes nicht erklären. Die Oxidation des $ZrSi_2$-Pulvers trägt zusätzlich zu der Abnahme der maximalen Massenänderung bei und kann unter diesen Bedingungen somit nicht gänzlich vernachlässigt werden. Der Y_2O_3-Anteil im Zr_79,5/20+10(S) wird durch das eingesetzte Y_2O_3-stabilisierte ZrO_2 eingebracht (s. Kapitel 4.3).

An dieser Stelle muß auf die bereits in Kapitel 4.3.1 hervorgehobene Keramik Zr_79,5/30(SI) eingegangen werden. Aufgrund des großen Anteils an Mahlkugeln ist der ZrO_2-Abrieb in diesem Fall äußerst groß. Er liegt nach 48-stündigem Mahlen bei etwa 16 g ZrO_2 auf 100 g $ZrSi_2$. Die maximale Massenzunahme verringert sich dadurch auf $\Delta\tilde{m}_{1600}$ = 52,5 %. Aufgrund des großen Kugelabriebs an ZrO_2 wird dieser Anteil bei der Zugabe an ZrO_2 vor dem Mischmahlen berücksichtigt.

Neben der chemischen Zusammensetzung werden mittels der Röntgendiffraktometrie die sich ausbildenden Phasen bestimmt. Alle bei 1600 °C oxidierten $ZrSi_2$-Proben setzen sich wie erwartet aus $ZrSiO_4$ als Hauptbestandteil und SiO_2 als Nebenbestandteil zusammen.

Nach dem Mischmahlen des $ZrSi_2$ mit dem ZrO_2 erhält man im getrockneten Pulver große (bis 300 µm Durchmesser), weiche Agglomerate, die sich in der ethanolischen Suspension mit dem Ultra-Turrax leicht zerstören lassen. Abbildung 8-16 zeigt die REM-Aufnahmen eines Streupräparates und ein Schliffbild. Im Streupräparat sind die großen Agglomerate, aber auch die kleinen Partikel, aus denen diese aufgebaut sind, zu erkennen. Das Schliffbild zeigt, daß die nach dem Mahlen noch vorliegenden $ZrSi_2$-Partikel (im Bild: weiß) eine maximale Größe von etwa 3 µm besitzen. Dies bestätigt die bereits diskutierten Messungen der Partikelgrößenverteilung von gemahlenem $ZrSi_2$ (s. Abbildung 8-15).

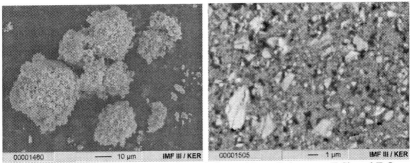

Abbildung 8-16: REM-Aufnahmen eines mischgemahlenen Pulvers aus ZrSi$_2$ und ZrO$_2$: Streupräparat (links) und Schliffbild (rechts, Materialkontrast)

8.2.2 Formgebung

Der Verarbeitbarkeit des Granulates nach dem Sprühtrocknen kommt neben der Pulveraufbereitung große Bedeutung zu. Neben den Faktoren Granulathomogenität, Rieselfähigkeit und Granulatfeinheit, die sich alle durch Sprühgranulation optimieren lassen, spielt die Preßbarkeit des Granulates eine sehr wichtige Rolle bei der Herstellung der Formkörper. Für einen Sinterschrumpf von $S = 0$ muß die zuvor postulierte Gründichte durch geeignete Wahl des Preßdruckes eingestellt werden. Der Verdichtungsdruck darf dabei jedoch nicht zu hoch sein, um die typischen Preßfehler (Abschieferungen, Ausbrüche) im Formkörper zu vermeiden.

Die Granulatfeinheit spielt insbesondere dann eine Rolle, wenn das Granulat nicht durch Sprühtrocknung hergestellt, sondern das Lösemittel abdestilliert wird. Wird das Pulver in diesem Fall nicht ausreichend aufgemahlen und gesiebt, so bleiben beim Sintern die einzelnen Granulatpartikel erhalten. Dies zeigt Abbildung 8-17 am Beispiel von Zr_78/30.

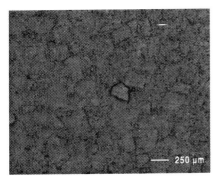

Abbildung 8-17:

Einfluß eines ungenügend aufbereiteten Granulates auf das Gefüge der Keramiken nach dem Sintern (Zr_78/30; LM-Aufnahme)

Wird das Granulat hingegen durch Sprühgranulation hergestellt und auf eine Feinheit kleiner 70 µm gesiebt, ergeben sich diese Probleme nicht. Das so hergestellte Granulat ist äußerst homogen (s. Abbildung 8-18) und besitzt eine mittlere Partikelgröße d_{50} von 10 - 20 µm.

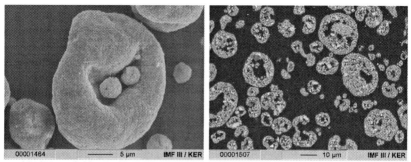

Abbildung 8-18: REM-Aufnahmen von sprühgranuliertem Pulver (Zr_79,5/30(SI)): Streupräparat (links) und Schliffbild (rechts, Materialkontrast)

Neben der Granulatfeinheit kommt der Preßbarkeit des Granulates eine große Bedeutung zu. Generell läßt sich hierzu feststellen, daß die Preßbarkeit um so besser ist, je höher der Polymeranteil ist (s. Anhang E, Abbildung E-8). Darüber hinaus hängt die Preßbarkeit von der Art des Binders ab. Abbildung 8-19 zeigt einen Vergleich der Preßbarkeit zweier identisch hergestellter Granulate, die sich lediglich in der Charge des Binders (`alt` und `neu`) unterscheiden.

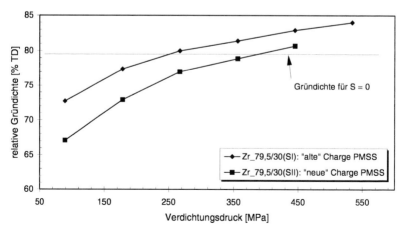

Abbildung 8-19: Einfluß der Charge an PMSS auf die Preßbarkeit des sprühgetrockneten Granulates (bei 25 °C)

8 Das System ZrSi$_2$-ZrO$_2$

Die Ursache für die schlechtere Preßbarkeit bei Verwendung der neuen Charge an PMSS (Zr_79,5/30(SII)) ist auf die bereits in Kapitel 8.1.2 diskutierten Unterschiede, d.h. auf den geringeren Anteil niedrigmolekularer, leichterflüchtiger Bestandteile, zurückzuführen. Zur Herstellung von Formkörpern mit einer Dichte von 79,5 % TD aus Zr_79,5/30(SII) ist bei Raumtemperatur ein Verdichtungsdruck von 370 MPa nötig. Bereits ab einem Preßdruck von 200 MPa weisen die Formkörper in diesem Fall jedoch deutliche Preßfehler auf. Aufgrund dieser Problematik wird bei Verwendung der neuen Charge PMSS zusätzlich PVB als Binder eingesetzt. Betroffen sind hiervon die Keramiken zur eingehenden Untersuchung der mechanischen Eigenschaften (s. auch Tabelle 4-1, Seite 30, und Kapitel 8.4.3).

Da die Viskosität des PMSS bei Temperaturerhöhung stark abnimmt, wie Abbildung 8-1 (Seite 59) zeigt, und somit die Preßbarkeit des Granulates verbessert wird, erscheint es zweckmäßig, die Verdichtung bei erhöhten Temperaturen durchzuführen. Der für eine bestimmte Gründichte benötigte Preßdruck kann dadurch gesenkt werden (s. Abbildung 8-20). Bei einer Temperatur von 120 °C reicht für Zr_79,5/20+10(S) bereits ein Druck von 185 MPa aus, um eine Gründichte von 79,5 % TD zu erzielen. In diesem Fall ist es durch axiales Pressen unmöglich, bei Raumtemperatur fehlerfreie Grünkörper mit der gewünschten Dichte herzustellen. Ab einer Temperatur von 120 °C ist keine nennenswerte Steigerung der Gründichte bei konstantem Verdichtungsdruck mehr zu erzielen.

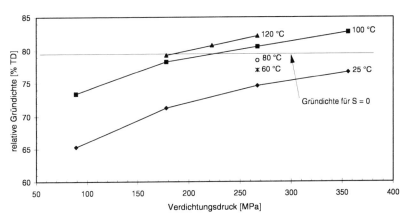

Abbildung 8-20: Die Abhängigkeit der Preßbarkeit des Granulates von der Temperatur am Beispiel von Zr_79,5/20+10(S) (neue Charge PMSS)

Die mittels axialem Pressen hergestellten Grünkörper sehen makroskopisch sehr gut aus (s. Abbildung 8-41, Seite 107). Die kaltverdichteten Grünkörper weisen jedoch mikroskopisch ein äußerst inhomogenes Gefüge auf. Durch Warmpressen läßt sich das Gefüge hingegen optimieren (Abbildung 8-21).

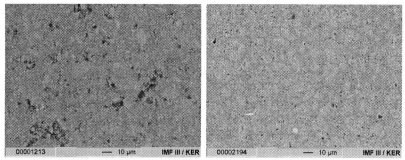

Abbildung 8-21: Gefüge der Grünkörper (REM, Materialkontrast)
links: bei 20 °C gepreßt (Zr_78/30(SVII)); rechts: bei 120 °C gepreßt (Zr_79,5/20+10(S))

8.2.3 Temperaturführung

Die Wahl eines geeigneten Temperaturprofils ist das dritte große Problem, welches zur Herstellung fehlerfreier, dichter Keramiken gelöst werden muß. Hierbei kann zwischen zwei Aspekten unterschieden werden:

- Entbindern der Formkörper
- weitgehende Trennung von Oxidations- und Sinterbereich

An dieser Stelle soll auf beide Aspekte kurz eingegangen werden. Die Wahl eines geeigneten Temperaturprogramms zur Trennung von Oxidations- und Sinterprozeß ergibt sich direkt aus der Untersuchung des Reaktionssinterverfahrens (s. Kapitel 8.3). In diesem Kapitel wird u.a. beschrieben, welche Probleme auftreten, falls diese Punkte nicht berücksichtigt werden.

Entbindern

Das Entbindern der Grünkörper, die einen hohen Anteil an Binder aufweisen, muß sehr langsam erfolgen, um die Entstehung von Rissen im Bauteil zu vermeiden. Die Temperatur, bei der die Pyrolyse des PMSS vollständig abgeschlossen ist, liegt bei etwa 600 °C, wie die in Abbildung 8-2 (Seite 59) dargestellte Thermische Analyse zeigt. Die Grünkörper weisen hohe Dichten von bis zu 85 % TD sowie eine geringe offene Porosität (s. Abbildung 8-26, Seite 84) von etwa 10 Vol-%, bei einem mittleren Porenradius von kleiner 10 nm, auf. Deshalb muß v.a. im Temperaturbereich kleiner 300 °C äußerst langsam aufgeheizt werden. Gerade in diesem Bereich kommt es zur Freisetzung höhermolekularer Pyrolyseprodukte (s. Kapitel

8 Das System ZrSi$_2$-ZrO$_2$

8.1.2). Wird in diesem Bereich zu schnell aufgeheizt, so bilden sich Risse im Formkörper. Dies zeigt die LM-Aufnahme in Abbildung 8-22.

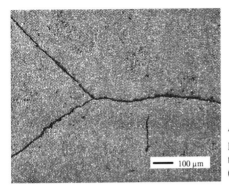

Abbildung 8-22:

Rißbildung in einem zu schnell entbinderten, voroxidierten Zr_78/30-Formkörper (LM-Aufnahme)

Die auf diese Weise entstehenden Fehler im Bauteil bleiben auch nach dem Sintern erhalten und haben geringe Festigkeiten zur Folge. Als Faustregel für das Entbindern gilt, daß um so langsamer aufgeheizt werden muß, je höher die Gründichte und je größer die Formkörper sind. Als „sichere" Aufheizgeschwindigkeit kann ein Wert von 10 K/h angesehen werden. Diese Aufheizrate gilt für alle Grünkörper unabhängig von ihrer Zusammensetzung.

Trennung von Oxidations- und Sinterbereich

Die beiden eigentlichen Schritte des *reaction bonding* Verfahrens sind:

 ○ Oxidation des ZrSi$_2$
 ○ Sinterprozeß

Zur Herstellung fehlerfreier Bauteile sollten sich die Temperaturbereiche, in denen diese Prozesse ablaufen, möglichst nicht überschneiden. Zudem sollte die offene Porosität auch bis zum Abschluß der Oxidation hoch sein, damit der benötigte Sauerstoff schnell antransportiert werden kann. Setzt der Sinterprozeß zu früh ein, d.h. das ZrSi$_2$ ist nur zu einem geringen Teil oxidiert, so kommt es bei weiterer Temperaturerhöhung aufgrund der mit einer Volumenzunahme verbundenen Oxidation unter Umständen zum Bersten der Formkörper. Aus diesem Grund können die entbinderten Grünkörper nicht in einem Schritt auf die Sintertemperatur aufgeheizt werden. Die Oxidation der Formkörper erfolgt unter diesen Bedingungen nicht vollständig, wie an dem Rest an ZrSi$_2$ im Innern des in Abbildung 8-23 (links) dargestellten Pellets zu erkennen ist. Darüber hinaus muß aus dem gleichen Grund bei der Oxidation im Kammerofen eine ständige Luftzufuhr (d.h. konstanter Partialdruck an O$_2$) gewährleistet sein. Erfolgt keine Luftzufuhr v.a. im kritischen Temperaturbereich zwischen 700 und 1100 °C, so kann es trotz optimiertem Temperaturprogramm zur Zerstörung der Formkörper kommen (Abbildung 8-23, rechts).

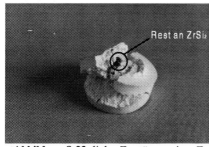

Abbildung 8-23: links: Zerstörung eines Zr_78/30-Formkörpers durch zu schnelles Aufheizen auf Sintertemperatur; rechts: Rißbildung in einem Zr_79,5/30(SII)-Formkörper aufgrund von Luftausfall im Temperaturbereich zwischen 700 und 1200 °C

Aufgrund dieser Problematik ist es unabdingbar, dem eigentlichen Sintervorgang einen Oxidationsbereich mit mehreren Haltezeiten vorzuschalten („Voroxidation"), in welchem das $ZrSi_2$ aufoxidiert wird, ohne daß es zur Bildung einer inhibierenden Sinterzone im Formkörper kommt. Typische Bedingungen für diesen Bereich sind:

- Haltezeit 1: 650 °C, 12 - 24 h
- Haltezeit 2: 800 - 1000 °C, 12 - 24 h

Die Festlegung der Oxidationsparameter erfolgt zum einen mittels der Thermischen Analyse und zum anderen durch eine Parameterstudie im Kammerofen (s. Kapitel 8-3). Im Gegensatz zum Entbindern muß das entsprechende Temperaturprofil für die Oxidation und den Sinterprozeß bei jeder Keramik neu optimiert werden. Ein typisches Temperaturprogramm zur Herstellung fehlerfreier Keramiken ist in Abbildung 4-2 (Seite 34) dargestellt. Wird dieses optimierte Temperaturprofil eingehalten, so läuft die Oxidation der Formkörper vollständig ab und am Ende werden dichte Keramiken erhalten. Im Gegensatz zum System, AlSi44-Al_2O_3 läßt sich im System $ZrSi_2$-ZrO_2 die Oxidation der Formkörper wesentlich besser steuern. Dies ist direkt auf das Oxidationsverhalten des $ZrSi_2$ zurückzuführen (s. Phasendiagramm, Abbildung 3-4, Seite 20). Zum einen entsteht erst bei sehr hohen Umsätzen freies SiO_2, das die weitere Oxidation stark inhibiert. Zum andern erfolgt die Oxidation des $ZrSi_2$ jedoch nicht zu heftig, so daß die Oxidation durch ein entsprechendes Temperaturprofil recht gut beeinflußt werden kann.

Die Temperatur, bei der die Oxidation großteils abgelaufen ist, läßt sich neben den Versuchen mittels der Thermischen Analyse ebenso anhand der Versuche zur Bestimmung der Oxidationskinetik ableiten. Ein deutlicher Umsatz an $ZrSi_2$ ist ab etwa 650 °C (s. Abbildung 8-7,

Seite 65, sowie Abbildung E-4, Anhang E) zu beobachten. Bei einer Temperatur von 1100 °C ist an den $ZrSi_2$-Pellets bereits nach einer Stunde eine Oxidschicht von einigen Mikrometern zu erkennen (Abbildung 8-11, Seite 69). Die Abmessungen der größten $ZrSi_2$-Partikel im Granulat nach dem Sprühtrocknen liegen in der gleichen Größenordnung wie diese Schichtdicke, d.h. nahezu alles $ZrSi_2$ sollte unter diesen Bedingungen (1100 °C, 1 h) abreagiert haben. Ob dies tatsächlich beobachtet werden kann, wird im folgenden Kapitel diskutiert.

8.3 Untersuchung des Reaktionssinterverfahrens

8.3.1 Thermische Analyse

Das gesamte Prinzip des *reaction bonding* Verfahrens zur Herstellung schrumpfungsfreier Keramiken kann sehr anschaulich mit Hilfe der Thermischen Analyse dargestellt werden. Abbildung 8-24 zeigt am Beispiel des Zr_79,5/30(SI) das typische Bild, wie es die Thermische Analyse liefert. Es lassen sich drei Bereiche, die auch schematisch in die Abbildung eingetragen sind, erkennen. Diese drei Bereiche

- Pyrolyse des Binders (abnehmende Masse, geringe Längenänderung)
- Oxidation des $ZrSi_2$ (starke Massen- und Längenzunahme)
- Sinterprozeß (keine Massenänderung, starke Längenabnahme)

sind nicht vollständig voneinander getrennt, sondern überschneiden sich geringfügig.

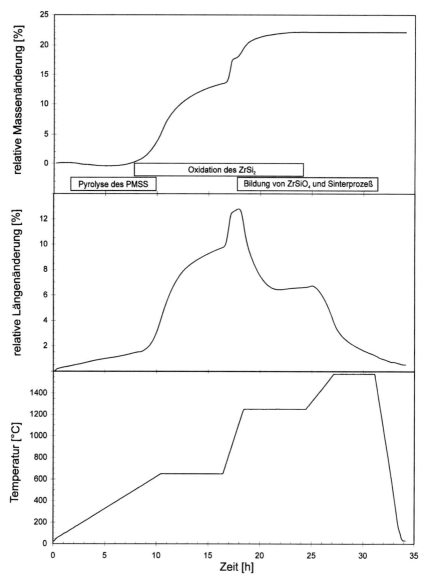

Abbildung 8-24: Thermische Analyse von Zr_79,5/30(SI)

Binder-Pyrolyse und Oxidation des ZrSi$_2$

Der Temperaturbereich bis 1100 °C wird in Abbildung 8-25 genauer betrachtet. Die Pyrolyse des Binders setzt entsprechend den Ergebnissen für reines PMSS bei etwa 200 °C ein. Bei ca. 450 °C ist die maximale Massenabnahme erreicht. Diese liegt für Zr_79,5/20+10(S) mit 2,5 Gew-% unter dem theoretischen Wert von 4 Gew-%. Dies ist darauf zurückzuführen, daß bereits bei einer Temperatur von knapp unter 500 °C die Oxidation des ZrSi$_2$ einsetzt, d.h. die Pyrolyse des Binders und die Oxidation des ZrSi$_2$ überlappen sich. Im Temperaturbereich bis etwa 500 °C nimmt die Länge der Formkörper nur leicht zu. Ab einer Temperatur von 500 °C ist eine starke Massen- und Längenzunahme zu beobachten. Die Pyrolyse des Binders ist abgeschlossen, die Oxidation des ZrSi$_2$ schreitet voran. Verbunden ist die Massen- und Längenänderung mit einer stark exothermen Reaktion, die bei ca. 820 °C ihr Maximum erreicht (Abbildung 8-25).

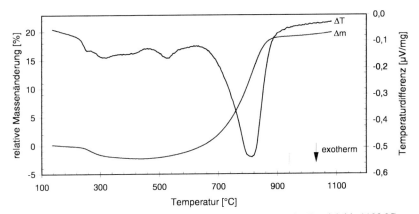

Abbildung 8-25: Thermische Analyse von Zr_79,5/20+10(S) im Bereich bis 1100 °C

Oxidation des ZrSi$_2$ und Sinterprozeß

Der Thermischen Analyse in Abbildung 8-24 ist weiterhin zu entnehmen, daß sich der Oxidations- und Sinterbereich ebenfalls etwas überlappen. Trotz weiter fortschreitender Massenzunahme setzt ab etwa 1100 °C bereits ein deutlicher Sinterprozeß ein und der Formkörper beginnt zu schrumpfen. Ab etwa 1350 °C ändert sich die Masse nur noch unwesentlich, d.h. die Oxidation ist jetzt nahezu abgeschlossen. Bei einer Temperatur von 1550 - 1600 °C sintert der Körper zur dichten Keramik und erreicht am Ende wieder seine ursprüngliche Länge. Aufgrund der gerätetechnisch bedingten, kurzen Sinterzeit von 4 h läßt sich die ursprüngliche Länge im vorliegenden Fall nicht ganz erzielen. Es bleibt eine Längenzunahme von ca.

+ 1 % zurück. Bei entsprechenden Sinterversuchen im Kammerofen (t = 24 h bei 1600 °C) läßt sich $S = \Delta \tilde{l} = \pm 0$ erzielen.

8.3.2 Quecksilber-Porosimetrie

Mittels der Hg-Porosimetrie wird die offene Porosität der Formkörper in verschiedenen Stadien der Temperaturbehandlung der Formkörper bestimmt. Tabelle 8-8 gibt am Beispiel von Zr_79,5/20+10(S) eine exemplarische Übersicht über einige Ergebnisse bei der Voroxidation. Neben der Porosität P der Formkörper sind dort der Umsatz an $ZrSi_2$ (U_{ZrSi_2}, s. Kapitel 3.4) sowie die Volumenänderung der Formkörper aufgeführt. Für alle anderen Keramiken ergeben sich ähnliche Verhältnisse.

Tabelle 8-8: Ergebnisse zur Voroxidation der Formkörper (Zr_79,5/20+10(S), p^1 = 170 MPa)

Temperaturbehandlung	Farbe	$\Delta \tilde{m}$ [%]	U_{ZrSi_2} [%]	$\Delta \tilde{V}$ [%]	ρ [g/cm³]	P [%]
1: keine	grau-schwarz	0	0	0	3,31	8,5
2: 500 °C, 4 h	grau	0,8	18,0	3,5	3,22	25,3
3: wie 2, 650 °C, 24 h	braun	16,3	73,7	43,8	2,68	31,1
4: wie 3, 800 und 900 °C je 12 h	hellbraun	21,0	90,6	61,2	2,49	36,2

[1] Verdichtungsdruck beim axialen Pressen

Im Laufe der Voroxidation dehnen sich, bei gleichzeitiger Massenzunahme, die Proben stark aus. Die Dichte sinkt, die offene Porosität steigt in diesem Bereich. Der bei 900 °C nach 12 h zu erzielende Umsatz an $ZrSi_2$ liegt bei ca. 90 %. Bei der Berechnung des Umsatzes an $ZrSi_2$ gemäß Gl. 3-15 (Seite 22) ist die Massenabnahme aufgrund der Binderpyrolyse zu berücksichtigen. Mit zunehmender Porosität steigt zudem der mittlere Porenradius an, wie in Abbildung 8-26 zu erkennen ist. Der für die weitere Oxidation des $ZrSi_2$ im Innern der Probe nötige Sauerstoff kann deshalb über Porendiffusion antransportiert werden. Je weiter die Oxidation fortschreitet und je größer dabei die Poren werden, desto näher rückt die experimentell bestimmte Porosität an den theoretischen Wert von P = 37,3 Vol-% heran (zur Berechnung von P s. auch Anhang E, Kasten E-2).

8 Das System ZrSi$_2$-ZrO$_2$

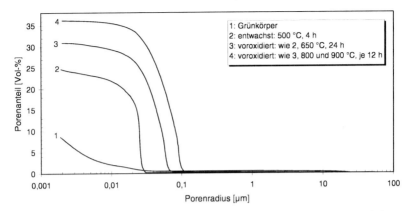

Abbildung 8-26: Änderung der Porosität der Formkörper im Laufe der Voroxidation am Beispiel von Zr_79,5/20+10(S)

8.3.3 Röntgendiffraktometrie

Mit Hilfe der Röntgendiffraktometrie können die im Laufe der Temperaturbehandlung entstehenden, kristallinen Phasen analysiert werden. Abbildung 8-27 zeigt, wie sich der Phasenbestand der Formkörper im Laufe des Prozesses ändert. Der generelle Verlauf der Abfolge an den verschiedenen Phasen ist bei allen im Rahmen dieser Arbeit hergestellten Keramiken identisch. Allerdings unterscheiden sich diese je nach Herstellungsbedingungen und Ausgangszusammensetzung in ihren Phasenbestandteilen nach dem Sintern. Hierauf wird in Kapitel 8.4 näher eingegangen. Die Ergebnisse der Röntgendiffraktometrie decken sich weitestgehend mit denen der Thermischen Analyse. Im Ausgangsgranulat sind lediglich die Reflexe des ZrSi$_2$ und des ZrO$_2$ zu erkennen. Nach der Haltezeit bei 650 °C ist die Abnahme des Anteils an ZrSi$_2$ zu beobachten. Bei 1080 °C kann nahezu kein ZrSi$_2$ mehr festgestellt werden. Ab dieser Temperatur beginnt bereits die Bildung von ZrSiO$_4$, die bei 1250 °C schon so weit fortgeschritten ist, daß außer ZrSiO$_4$ lediglich noch ein Rest an ZrO$_2$ zu beobachten ist. Nach dem Sintern ist bei der in Abbildung 8-27 dargestellten Keramik außer ZrSiO$_4$ keine andere Phase mittels Röntgenbeugung nachzuweisen.

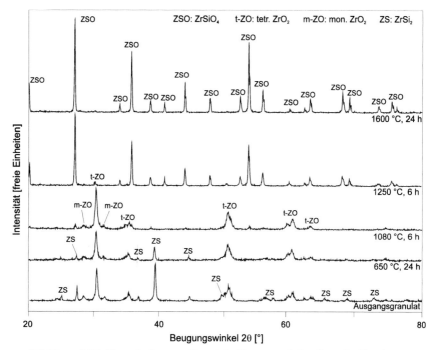

Abbildung 8-27: Phasenänderung während der Temperaturbehandlung der Formkörper am Beispiel von Zr_78/30

8.3.4 Gefüge

Das Gefüge der Grünkörper wurde bereits in Kapitel 8.2.2 dargestellt und diskutiert. Nach der Voroxidation ergibt sich ein ähnlich inhomogenes Gefügebild. Dies zeigt Abbildung 8-28.

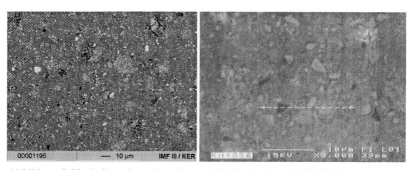

Abbildung 8-28: Gefüge eines teiloxidierten (650 °C, 24 h) Zr_78/30(SVII)-Formkörpers (REM, Materialkontrast; rechts: Verlauf für EDX-*linescan* (s.u., video print))

8 Das System ZrSi$_2$-ZrO$_2$

Die anhand der REM-Aufnahmen zu erkennenden Inhomogenitäten lassen sich auch direkt mittels eines EDX-Verteilungsbildes nachweisen. Ein genaueres Bild ergibt ein EDX-*linescan* (s. Abbildung 8-29) über einen ausgewählten Bereich der Probe. Anhand dieser Analyse kann aus der Zählrate für das jeweilige Element eine ungefähre, halbquantitative Zusammensetzung der verschiedenen Phasen bestimmt werden.

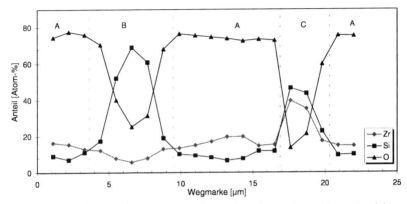

Abbildung 8-29: EDX-linescan entlang dem in Abbildung 8-28 markierten Bereich

Wie der EDX-*linescan* zeigt, lassen sich drei Bereiche unterscheiden, die in Tabelle 8-9 aufgeführt sind. Neben der Matrix aus ZrO$_2$/SiO$_2$ können noch mit großer Sicherheit Silicium und ZrSi$_2$ nachgewiesen werden. Der in den Bereichen B und C noch immer zu beobachtende hohe Gehalt an Sauerstoff kann, in Analogie zu den WDX-Analysen (vgl. Kapitel 8.1.2), auf eine dünne Oxidschicht an der Probenoberfläche zurückgeführt werden.

Tabelle 8-9: Die verschiedenen Phasen in einer voroxidierten Probe

Bezeichnung[1]	Farbe[2]	vermutliche Verbindung
A	dunkelgrau (Matrix)	ZrO$_2$/SiO$_2$
B	schwarz	Si
C	hellgrau	ZrSi$_2$

[1] gemäß Abbildung 8-29; [2] gemäß Abbildung 8-28

Die anhand der EDX-Analysen gewonnenen Ergebnisse stehen im Einklang mit den Ergebnissen der Untersuchungen zur Oxidation des ZrSi$_2$ sowie mit dem von [BEYERS86] beschriebenen Phasendiagramm für das System Zr-Si-O (s. Abbildung 3-4, Seite 20). Bei der Oxidation des $ZrSi_2$ entsteht zunächst kein freies SiO_2, hingegen läßt sich das anhand der Oxidationsversuche nur undeutlich zu erkennende elementare Silicium nachweisen. Die starke Oxidationshemmung durch eine bereits zu Beginn entstehende SiO_2-Schicht wird auf diese Weise vermieden. Mit fortschreitender Oxidation reagiert alles $ZrSi_2$ ab, ZrO_2 und SiO_2 liegen nebeneinander vor. Ob sich bei dieser Temperatur bereits $ZrSiO_4$ bildet, wie laut Phasendiagramm zu erwarten ist, läßt sich nicht zweifelsfrei klären.

8.4 Charakterisierung der Keramiken

8.4.1 Physikalische und chemische Eigenschaften

Zusammensetzung und Gefüge

Die chemische Zusammensetzung wird nur von ausgewählten Keramiken mittels der Röntgenfluoreszenz-Analyse bestimmt. An dieser Stelle werden zudem nur die Keramiken aufgeführt, an denen am Ende die mechanischen Eigenschaften bestimmt werden. In Tabelle 8-10 sind die Ergebnisse zusammengefaßt.

Tabelle 8-10: Ergebnisse der RFA einiger ausgewählter Keramiken

Probe	Anteil an ... [mol-%]			
	ZrO_2	SiO_2	Y_2O_3	$ZrSiO_4$[1]
Zr_78/30(SVII)[2]	47,4	52,6	nicht bestimmt	90,1 + SiO_2
Zr_79,5/30(SI)[2]	48,1	51,9	nicht bestimmt	92,7 + SiO_2
Zr_78,1/20+10(S)	48,5	50,7	0,8	95,7 + SiO_2
Zr_79,5/20+10(SI)	49,7	49,4	0,9	99,4 + ZrO_2
Zr_79,5/20+10(SII)	49,5	49,7	0,8	99,6 + SiO_2
Zr_80,8/20+10(S)	50,7	48,4	0,9	95,4 + ZrO_2

[1] bei vollständigem Umsatz zu $ZrSiO_4$, ohne Berücksichtigung des Y_2O_3;
[2] Anteil an Y_2O_3 in der Kalibrierreihe nicht berücksichtigt

Die Werte weichen leicht von der theoretisch zu erwartenden Zusammensetzung ab (s. Tabelle 4-2, Seite 32). Bezogen auf die Oxide liegt die Abweichung i.a. bei max. 2 - 3 %, beim Zr_79,5/30(SI) allerdings bei knapp 4 %.

Im Falle des Zr_78/30(SVII) und v.a. des Zr_79,5/30(SI) ist der Anteil an SiO_2 zu groß. Dies kann darauf zurückgeführt werden, daß bei der Berechnung dieser beiden Ansätze der Anteil an Kugelabrieb (ZrO_2) berücksichtigt wird. Der Anteil an zugefügtem ZrO_2-Pulver ist somit

8 Das System ZrSi$_2$-ZrO$_2$

kleiner als in Tabelle 4-1 angegeben (s. auch Kapitel 4.2 und 8.2.2). Das Verhältnis von Kugelabrieb zu noch vorhandenem ZrSi$_2$-Pulver nach dem Mahlen kann nicht exakt bestimmt werden. Gründe hierfür sind eine bereits beim Mahlen partiell erfolgende Oxidation des ZrSi$_2$ (Massenzunahme) sowie prozeßtechnisch bedingte Pulververluste (Massenabnahme). Die noch benötigte Menge an ZrO$_2$ kann deshalb nur abgeschätzt werden. Ein Fehler von wenigen Prozent ist denkbar. Bei den anderen Keramiken hingegen wird der Kugelabrieb nicht berücksichtigt. Der ZrO$_2$-Gehalt in den gesinterten Formkörpern liegt somit zwangsläufig über den erwarteten Werten.

Die RFA liefert lediglich eine integrale Analyse der Proben. Ob sich tatsächlich die in Tabelle 8-10 angenommenen Phasen ausbilden, wird mittels Röntgenbeugung und der mikroskopischen Gefügeanalyse untersucht. Dabei zeigt sich, daß sich in allen hergestellten Keramiken ZrSiO$_4$ als Hauptbestandteil bildet. Je nach Ausgangszusammensetzung und Herstellungsbedingungen der Keramiken treten außerdem unterschiedlich große Anteile an ZrO$_2$ und SiO$_2$ auf. Abbildung 8-30 zeigt den Vergleich einiger ausgewählter Keramiken.

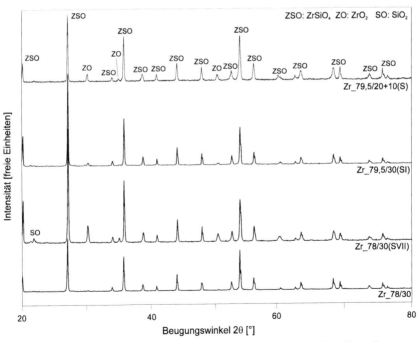

Abbildung 8-30: Vergleich der Diffraktogramme einiger ausgewählter Keramiken

Der Phasenbestand im Zr_78/30 wurde bereits in Abschnitt 8.3.2 ausführlich diskutiert. Nach dem Sintern liegt hier lediglich $ZrSiO_4$ vor. Beim Zr_79,5/30(SI) und Zr_79,5/20+10(S) sind zudem Reste an ZrO_2 und etwas undeutlicher an SiO_2 (als Cristobalit) zu erkennen. Im Falle des Zr_78/30(SVII) lassen sich sowohl Reste an ZrO_2 als auch an SiO_2 eindeutig nachweisen. In allen Keramiken liegt das ZrO_2 in der kubischen Modifikation vor, wie anhand der Reflexzuordnung zu den hkl-Werten bestimmt werden kann.

Diese Beobachtungen lassen sich anhand den REM-Aufnahmen und EDX-Analysen bestätigen. Abbildung 8-31 zeigt die Materialkontrastaufnahmen zweier Keramiken. Das Zr_79,5/30(SI) besteht großteils aus $ZrSiO_4$ (mittelgrau). Daneben sind noch Reste an ZrO_2 (hellgrau) und SiO_2 (dunkelgrau) zu erkennen. Beim Zr_79,5/20+10(S) sollte laut der Abschätzung anhand der RFA-Ergebnisse zu 99,6 mol-% $ZrSiO_4$ (s. Tabelle 8-10) vorliegen. Dies wird nicht beobachtet. Es treten neben $ZrSiO_4$ noch deutliche Anteile an ZrO_2 und SiO_2 auf, wie auch bereits anhand der Röntgenaufnahmen beobachtet werden kann. Die EDX-Analysen zeigen, daß das Y_2O_3 immer zusammen mit dem ZrO_2 auftritt. Damit kann die anhand der Diffraktogramme aufgestellte Behauptung, daß das ZrO_2 in der kubischen Modifikation vorliegt, bestätigt werden. Das Y_2O_3 wird in das ZrO_2 eingebaut, und ab einem Anteil von ca. 9 mol-% Y_2O_3 ist das kubische ZrO_2 die bei Raumtemperatur stabile Modifikation [SRIVASTAVA74]. Da das Y_2O_3 nur im ZrO_2 beobachtet wird, ist ein Y_2O_3-Gehalt im ZrO_2 von größer als 9 mol-% plausibel.

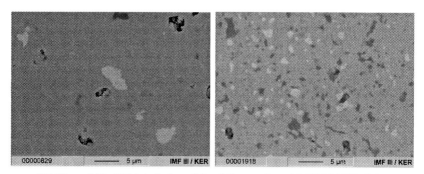

Abbildung 8-31: REM-Aufnahme (Materialkontrast) von Zr_79,5/30(SI) (links) und Zr_79,5/20+10(SII) (rechts)

Die genauen Ursachen für das Auftreten mehrerer Phasen lassen sich nicht zweifelsfrei klären. Da das $ZrSiO_4$ die thermodynamisch stabile Phase darstellt, müssen kinetische Gründe hierfür ausschlaggebend sein. Dafür verantwortlich sind Inhomogenitäten in den Ausgangsmaterialen, die selbst durch die sehr langen Sinterzeiten von 24 h durch Diffusionsprozesse nicht ausgeglichen werden können. Zum einen können hier die bereits besprochenen Inhomogenitäten im $ZrSi_2$ angeführt werden (s. Abschnitt 8.1.2). Dies führt zu Inseln an SiO_2 und

ZrO_2. Zum andern spielt auch die Inhomogenität im sprühgetrockneten Granulat eine wichtige Rolle. Die Homogenität läßt sich durch intensives Mahlen der Ausgangspulver jedoch verbessern, wie am Beispiel des Zr_79,5/30(SI) zu erkennen ist. Aufgrund der bereits genannten Gründe, d.h. v.a. wegen des hohen Abriebs an ZrO_2, ist ein solch intensiver Mahlprozeß jedoch nicht akzeptabel.

Neben der chemischen Zusammensetzung der Keramiken und dem Gefüge ist noch die Kristallitgröße von Interesse, da hierdurch insbesondere die Festigkeit beeinflußt wird. Je größer die Körner im Sinterkörper sind, desto geringer ist im allgemeinen die Festigkeit der Keramiken (SALMANG82). Abbildung 8-32 zeigt die REM-Aufnahme einer gesinterten und anschließend thermisch geätzten Probe von Zr_79,5/30(SI). Die maximale Kristallitgröße liegt sowohl nach 12 h als auch nach 24 h Sinterzeit bei max. 2 µm. Die langen Sinterzeiten tragen somit nur zu einem vergleichsweise geringen Kornwachstum bei.

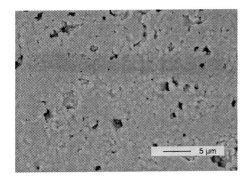

Abbildung 8-32:
Gesinterte und geätzte Zr_79,5/30(SI)-Keramik (REM)

8.4.2 Dichte und Porosität

Die maximal erzielbare Dichte der jeweilign Keramiken wird maßgeblich durch 3 Parameter beeinflußt. Dies sind:

- Aufbereitung des Ausgangsgranulates
- Preßverhalten des sprühgetrockneten Granulates
- Temperaturführung während des Reaktionssinterverfahrens

Die Dichte ist direkt mit den mechanischen Eigenschaften der Keramiken verknüpft. Das Verfahren zur Herstellung der Formkörper wird daher im Hinblick auf eine möglichst hohe Dichte der Keramiken optimiert. Die Diskussion dieser drei Probleme und deren Lösung erfolgte bereits in Kapitel 8.2. Zusammenfassend läßt sich sagen, daß sich im Laufe dieser Optimierung gezeigt hat, daß die Optimierung von nur einem der oben genannten Punkte nicht ausreichend ist, um dichte Formkörper herstellen zu können. Diese Punkte sind im

Gegenteil stark miteinander verknüpft. So wirkt sich eine veränderte Pulveraufbereitung stark auf die Temperaturführung des Reaktionssinterverfahrens und etwas weniger stark auf das Preßverhalten des Granulates aus. Zur Erzielung hoher Dichten ist somit ein optimal aufbereitetes Granulat nötig, das darüber hinaus gutes Preßverhalten aufweist. Die äußerst zeitaufwendige Optimierung des Temperaturprofils ist auf alle Fälle unverzichtbar. Insbesondere der Trennung des Oxidations- und Sinterbereichs kommt eine große Bedeutung zu.

Neben diesen Faktoren ist ebenfalls der bereits in Kapitel 8.1 diskutierte Chargeneinfluß der Edukte zu berücksichtigen. Durch den Einsatz verschiedener Chargen an PMSS wird hauptsächlich die Preßbarkeit des Granulates stark beeinflußt. Eine schlechte Preßbarkeit wiederum führt zu einem inhomogenen Gefüge im Grünkörper (s. z.B. auch Abbildung 8-21, Seite 78) und kann damit zu einer Verringerung der Dichte der Keramiken führen. Der Einfluß der Charge an $ZrSi_2$ auf die erzielbare Dichte ist von etwas untergeordneter Bedeutung, da sich hierdurch die relativen Sinterdichten der verschiedenen Keramiken nur wenig unterscheiden. Maßgeblich ändert sich hingegen die theoretische Dichte der Keramiken, da teilweise neben $ZrSiO_4$ noch freies ZrO_2 und SiO_2 vorliegen. Auf diesen Aspekt wird in Kapitel 8.5.3 näher eingegangen.

In Tabelle 8-11 sind die maximal erzielbaren Dichtewerte sowie die Porosität einiger Keramiken aufgeführt. Als theoretische Dichte wird der Wert für eine vollständige Umsetzung von ZrO_2 und SiO_2 zu $ZrSiO_4$ herangezogen. Die Dichte wird i.a. über die geometrische Methode bestimmt. An einigen Proben werden zudem Vergleichsmessungen über die Auftriebsmethode und mittels der Hg-Porosimetrie durchgeführt. Die Werte sind bei allen Methoden nahezu identisch.

Tabelle 8-11: Sinterdichte und Porosität einiger ausgewählter Keramiken

Bezeichnung	exp. Dichte [g/cm^3]	theor. Dichte[1] [g/cm^3]	relat. Dichte [% TD]	Porosität [Vol-%]
Zr_78/30(SVI)	4,17	4,63	90,1	-
Zr_78/30(SVII)	4,21	4,63	90,9	1 - 2
Zr_79,5/30(SI)	4,35	4,70	92,6	< 1
Zr_79,5/30(SII)	4,40	4,70	93,6	< 1
Zr_78,1/20+10(S)	4,17	4,57	91,2	< 1
Zr_79,5/20+10(SI+II)	4,23	4,64	91,2	< 1
Zr_80,8/20+10(S)	4,32	4,70	91,9	< 1

[1] s. Tabelle 4-2, Seite 32

Die Dichte der Keramiken liegt bei 90 - 94 % TD, die Standardabweichung ist deutlich kleiner als 1%. Die mittels Hg-Porosimetrie bestimmte offene Porosität liegt meist unter 1 Vol-% und damit im Fehlerbereich der Bestimmungsmethode. Diese sehr geringe offene Porosität ist ein Beleg dafür, daß die theoretische Dichte teilweise niedriger und die relative Sinterdichte dementsprechend höher ist als angenommen (s. Kapitel 8.5.3).

Diese hohen Dichten lassen sich nur durch ein vergleichsweise langes Sintern von 24 h erzielen. Um diese Zeiten eventuell verkürzen zu können, werden Sinterversuche in einer Mikrowellenanlage durchgeführt. Hierbei zeigt sich, daß auf die Voroxidation der Formkörper bei Temperaturen von bis zu 1300 °C in einem konventionellen Ofen nicht verzichtet werden kann. Abbildung 8-33 zeigt das Gefüge einer im Anschluß daran für 2 h im Mikrowellenofen gesinterten Keramik.

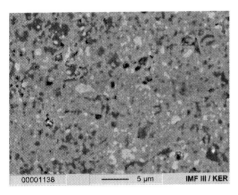

Abbildung 8-33:

Im Mikrowellenofen gesinterter Formkörper (Zr_78/30(SVI); 1550 °C, 2h); REM, Materialkontrast

Unter diesen Bedingungen läßt sich für die Zr_78/30(SVI)-Keramik lediglich eine Dichte von 84 % TD erzielen. Diese ist deutlich geringer als bei den im konventionellen Ofen für 24 h gesinterten Formkörpern (90 % TD). Darüber hinaus weisen die Proben in diesem Fall ein äußerst inhomogenes Gefüge auf. Der Anteil an freiem ZrO_2 und SiO_2 ist noch sehr hoch. Das Mikrowellensintern bringt für diese Keramiken somit keine Vorteile, d.h. insbesondere keine verkürzten Sinterzeiten. Der geschwindigkeitsbestimmende Schritt ist demzufolge die diffusionskontrollierte Bildung von $ZrSiO_4$ aus ZrO_2 und SiO_2, der durch die Mikrowellenheizung nicht beschleunigt wird.

8.4.3 Mechanische Eigenschaften

Festigkeit und E-Modul

Die Festigkeit σ_{4P} und der E-Modul werden durch 4-Punkt-Biegeversuche ermittelt. Bei einer Probenserie wird außerdem der dynamische E-Modul (s. Kapitel 6.3) bestimmt. Die Messung der Festigkeiten erfolgt an einigen ausgewählten Keramiken, da sich die Herstellung der Proben äußerst schwierig gestaltet. Erst nach der in Kapitel 4.4 beschriebenen Methode war es möglich, die für die Biegeversuche nötigen, fehlerfreien und formtreuen Stäbchen herzustellen. Tabelle 8-12 gibt einen Überblick über die erhaltenen Ergebnisse dieser Keramiken.

Tabelle 8-12: Festigkeit und E-Modul einiger Keramiken

Keramik	σ_{4P} [MPa]	E-Modul [GPa]
Zr_78/30(SVI)	155 ± 18	177 ± 17
		$(182 \pm 6)^1$
Zr_78/30(SVII)	209 ± 11	181 ± 4
Zr_79,5/30(SI)	215 ± 11	192 ± 6
Zr_79,5/30(SII)	232 ± 20	221 ± 6
Zr_78,1/20+10(S)	185 ± 10	177 ± 15
Zr_79,5/20+10(SI)	180 ± 9	185 ± 9
Zr_79,5/20+10(SII)	189 ± 13	185 ± 9
Zr_80,8/20+10(S)	207 ± 20	196 ± 9

[1] dynamisch

Der **E-Modul** der Keramiken liegt bei 180 - 220 GPa. Bei der Bestimmung des dynamischen E-Moduls werden etwas höhere Werte erhalten als beim Biegeversuch (statischer E-Modul). Die Standardabweichung bei der E-Modulbestimmung liegt i.a. bei unter 5 %. Bei der Ermittlung über den Biegeversuch liegt die Abweichung in Ausnahmefällen bei bis zu 10 %. Wie ein Vergleich von Zr_78,1/20+10(S), Zr_79,5/20+10(S) und Zr_80,8/20+10(S) zeigt, nimmt der E-Modul in dieser Reihenfolge, d.h. mit steigendem ZrO_2-Anteil (s. Tabelle 4-2, Seite 32, bzw. Tabelle 8-10, Seite 87) leicht zu.

Die mittleren **Festigkeiten** der Keramiken liegen mit Ausnahme von Zr_78/30(SVI) im Bereich zwischen 180 und 230 MPa. Die Streuung der Meßwerte ist dabei mitunter recht groß. Die Standardabweichung liegt bei 5 - 11 %. Die Ursachen für die mehr oder weniger großen Festigkeiten sind hauptsächlich auf den Herstellungsprozeß sowie auf die Ausgangsmaterialien zurückzuführen. Zur Herstellung von Zr_78/30(SVI), Zr_78/30(SVII), Zr_79,5/30(SI) und Zr_79,5/30(SII) wurde ein und dieselbe Charge an $ZrSi_2$ eingesetzt (Charge A, s. Tabelle 4-1a, Seite 31). Die Prozeßoptimierung erfolgte in dieser Reihenfolge, parallel dazu verläuft die Erhöhung der relativen Sinterdichten und die Verbesserung der mechanischen Eigenschaften. Für die Herstellung der anderen drei Keramiken (Zr_78,1/20+10(S), Zr_79,5/20+10(S), Zr_80,8/20+10(S)) wurde eine andere Charge $ZrSi_2$ verwendet (Charge C). Die Herstellung der Keramiken erfolgte in Analogie zu den Zr_79,5/30(SII)-Keramiken, als Binder wurde jedoch zusätzlich PVB verwendet (s. Tabelle 4-1 und 4-1a, Seite 30 f., und Kapitel 8.2.2). Die Ursache für die schlechteren mechanischen Eigenschaften kann in dem inhomogenen Phasengefüge dieser Keramiken gesehen werden (s. Abbildung 8-31, Seite 89). Dies wurde bereits im letzten Kapitel diskutiert. Obwohl die mechanischen Eigenschaften des Zr_79,5/30(SII) die höchsten Werte erreichen, muß darauf aufmerksam gemacht werden, daß bei dieser Keramik die Kompensation des Sinterschrumpfes nahezu unmöglich ist (s. hierzu auch Kapitel 8.5.2), da als Binder die neue Charge an PMSS verwendet wurde, wodurch bereits bei Raumtemperatur bei Drücken ab 200 MPa beim axialen Pressen Preßfehler auftreten (s. auch Abbildung 8-19, Seite 76).

Die Angabe des Mittelwertes der Festigkeit liefert nur einen ungenügenden Einblick in die Eigenschaften der Keramiken. Interessanter ist die Diskussion im Rahmen der Weibullverteilung. Am Beispiel des Zr_79,5/30(SI) soll der Einfluß der Stäbchenpräparation auf die Weibullparameter näher diskutiert werden. Dies zeigt Abbildung 8-34.

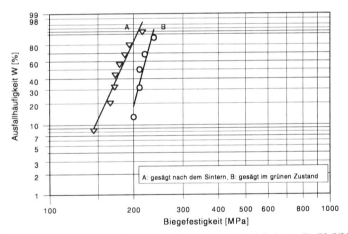

Abbildung 8-34: Einfluß der Stäbchenherstellung auf die Festigkeit von Zr_79,5/30(SI)

Demzufolge ist es sinnvoller, die Stäbchen im grünen Zustand aus der Platte herauszusägen und dann zu sintern (Fall B in Abbildung 8-34) als umgekehrt (Fall A). Sowohl der Weibullparameter mit m = 15,6 (bzw. 9,0) als auch der σ_0-Wert mit 221 (bzw. 187) MPa liegen bei Zr_79,5/30(SI) auf diese Weise, d.h. durch Sägen im grünen Zustand, höher. Aufgrund des geringen Datenmaterials können diese Werte lediglich als Anhaltswerte dienen. Eine genauere Untersuchung ist deshalb unverzichtbar.

Aus diesem Grund werden zur Bestimmung der Weibullparameter von Zr_78,1/20+10(S), Zr_79,5/20+10(SI+II) und Zr_80,8/20+10(S) jeweils eine ausreichend große Probenzahl (ca. 15) hergestellt. An diesen wird zudem der Einfluß der chemischen Zusammensetzung auf die mechanischen Eigenschaften untersucht. Hierzu werden die Stäbchen wie in Kapitel 4.4 beschrieben hergestellt. Tabelle 8-13 gibt einen Überblick über die Ergebnisse der vier untersuchten Keramiken. Die entsprechenden graphischen Darstellungen sind im Anhang E (Abbildungen E-9 und E-10) zu finden.

Tabelle 8-13: Weibullkennwerte einiger Keramiken

Keramik	σ_0 [MPa]	m [-]
Zr_78,1/20+10(S)	189	19,9
Zr_79,5/20+10(SI)	190	10,5
Zr_79,5/20+10(SII)	196	15,3
Zr_80,8/20+10(S)	216	10,8

Die Festigkeit σ_0 nimmt in Analogie zum E-Modul mit steigendem ZrO_2-Gehalt der Keramiken in der Reihe Zr_78,1/20+10(S), Zr_79,5/20+10(S), Zr_80,8/20+10(S) etwas zu. Der Weibullparameter ist unabhängig von der chemischen Zusammensetzung und liegt im Bereich zwischen 10 und 20.

Härte und Rißzähigkeit

Neben der Bestimmung der Festigkeit kommt insbesondere der Rißzähigkeit große Bedeutung zu. Die Rißzähigkeit ist ein Maß für die Sprödigkeit der Keramiken. Je höher der k_{Ic}-Wert ist, desto zäher ist die Keramik. Die Keramiken auf $ZrSiO_4$-Basis sind wesentlich zäher als die Mullitkeramiken. Demzufolge sind bei den Härteeindrücken keine Materialabplatzungen zu beobachten, sondern es bildet sich ein gut zu vermessender Eindruck mit entsprechender Rißausbreitung aus (s. Abbildung 8-35).

Abbildung 8-35:
Härteeindruck von Zr_79,5/30(SI); LM-Aufnahme

Die entsprechenden Werte für Härte H und Rißzähigkeit k_{Ic} finden sich in Tabelle 8-14. Zur Bestimmung des k_{Ic}-Wertes über die Biegeversuche (s. Kapitel 6.3) stehen 7 (Zr_78,1/20+10(S)) bzw. 9 (Zr_80,8/20+10(S)) Proben zur Verfügung.

Tabelle 8-14: Härte und Rißzähigkeit ausgewählter Keramiken

Keramik	k_{Ic} [MPa$\sqrt{m}$][1]	k_{Ic} [MPa$\sqrt{m}$][2]	H [HV5]
Zr_78/30(SVI)	2,8 ± 0,3	-	800 ± 20
Zr_79,5/30(SI)	2,7 ± 0,3	-	850 ± 35
Zr_78,1/20+10(S)	3,1 ± 0,3	2,38 ± 0,06	785 ± 25
Zr_79,5/20+10(SI)	3,0 ± 0,2	-	820 ± 25
Zr_79,5/20+10(SII)	3,1 ± 0,3	-	800 ± 30
Zr_80,8/20+10(S)	3,0 ± 0,3	2,49 ± 0,03	880 ± 15

[1] über Rißlänge bei Vickers-Härteeindrücken; [2] über Festigkeitsmessungen

Die Bestimmung der Rißzähigkeit liefert nach der Methode über die Vickers-Härteeindrücke etwas größere Werte als bei der Methode über die Festigkeitsmessungen. Letztere Methode ist jedoch wesentlich zuverlässiger. Zudem ist die Streuung der Meßwerte sehr gering. Dies ist darauf zurückzuführen, daß durch den Vickers-Härteeindruck ein immer nahezu gleich großer, maximaler Fehler im Bauteil erzeugt wird, der als Bruchauslöser im Biegeversuch dient. Da diese Methode äußerst aufwendig ist, werden nur an 2 Chargen Vergleichsmessungen durchgeführt. Nach dieser Methode ergibt sich eine Rißzähigkeit von etwa 2,5 MPa$\sqrt{m}$.

Ein Einfluß der chemischen Zusammensetzung auf die Rißzähigkeit ist nicht festzustellen. Der Vergleich von Zr_78,1/20+10(S), Zr_79,5/20+10(SI) und Zr_80,8/20+10(S) zeigt, daß die Härte hingegen mit steigendem ZrO_2-Anteil leicht zunimmt.

Vergleich mit Literaturwerten und Resümee

In Tabelle 8-13 werden die experimentell bestimmten Daten mit Werten aus der Literatur verglichen. Das Datenmaterial hierzu ist jedoch sehr spärlich. Laut [MORI90] liegt das Optimum der mechanischen Eigenschaften im System ZrO_2-SiO_2 bei einer chemischen Zusammensetzung von ZrO_2/SiO_2 gleich eins. Festigkeiten von bis zu 400 MPa lassen sich auf diese Weise erzielen, das Herstellungsverfahren ist allerdings entsprechend aufwendig. So werden die Proben beispielsweise zum Teil heißisostatisch nachverdichtet, um die Dichte zu erhöhen. Durch Herstellung von $ZrSiO_4$ über „klassische" Verfahren [STIELING92] lassen sich maximal Festigkeiten von 200 MPa erzielen.

Tabelle 8-15: Vergleich der mechanischen Eigenschaften mit Literaturwerten

Literatur	Probenpräparation	Eigenschaften				
		ρ_{Sinter} [% TD]	σ_{4P} [MPa]	k_{Ic} [MPa$\sqrt{m}$]	H [HV]	E [GPa]
MORI90	über Sol-Gel-Route	> 95	200 - 400	2,5 - 3,0	≤ 1300	-
STIELING92	aus Zirkonkies	80 - 85	40 - 50	-	-	-
	aus Zirkonsand	-	< 200	-	-	-
ULLMANN84	Mineral	-	-	-	-	130
Zr_79,5/30(SI)		92,6	215	2,7	850	192

Die mechanischen Eigenschaften der im Rahmen dieser Arbeit hergestellten Keramiken lassen sich mit den in der Literatur bekannten Daten vergleichen. Über die Sol-Gel-Route lassen sich teilweise höhere Festigkeiten erzielen. Es muß jedoch berücksichtigt werden, daß zur Bestimmung der Festigkeit keine Biegestäbchen entsprechend der DIN-Norm hergestellt werden konnten. Der Querschnitt der untersuchten Proben liegt durchweg um 50 bis 100 % über dem DIN-Wert von 3×4 mm^2. Unter Berücksichtigung von Gleichung 6-6 (Seite 42) und dem jeweiligen Weibull-Modul liegt die Norm-Festigkeit der Proben somit 5 - 10 % über den gemessenen und in Tabelle 8-12 bzw. 8-13 angegebenen Werten.

Zusammenfassend läßt sich feststellen, daß die eingangs geforderten mechanischen Eigenschaften der Keramiken (σ_{4P} = 200 - 300 MPa, k_{Ic} = 2 - 3 MPa$\sqrt{m}$) erzielt werden können. Für eine technische Anwendung der Keramiken sollte das Verfahren allerdings im Hinblick

8 Das System ZrSi$_2$-ZrO$_2$

auf eine etwas höhere Festigkeit, einen Weibullparameter von m ≈ 20 und auf eine bessere Reproduzierbarkeit optimiert werden.

8.5 Sinterschrumpf-Betrachtungen

8.5.1 Grundlegende Berechnungen

Die Grundlagen zur Berechnung des Sinterschrumpfes wurden bereits in Kapitel 3-1 diskutiert. Somit ergibt sich für das System ZrSi$_2$-ZrO$_2$-PMSS aus Gl. 3-4 (Seite 12):

$$S = \sqrt{(1 + \tilde{V}_{ZrSi2} \cdot \Delta\tilde{V}_{ZrSi2} + \tilde{V}_{PMSS} \cdot \Delta\tilde{V}_{PMSS}) \cdot \frac{\tilde{\rho}_{grün}}{\tilde{\rho}_{Sinter}}} - 1 \qquad \text{Gl. 8-5}$$

Der Anteil an Silicid, der zur Kompensation des Sinterschrumpfes (S = 0) benötigt wird, läßt sich demzufolge wie folgt berechnen:

$$\tilde{V}_{ZrSi2} = \frac{\tilde{\rho}_{Sinter} / \tilde{\rho}_{grün} - \tilde{V}_{PMSS} \cdot \Delta\tilde{V}_{PMSS} - 1}{\Delta\tilde{V}_{ZrSi2}} \qquad \text{Gl. 8-6}$$

Der Wert für $\Delta\tilde{V}_{PMSS}$ läßt sich über die keramische Ausbeute des PMSS berechnen (Gleichung 3-11, Seite 13), die durch Vorversuche ermittelt werden muß. Für die neue Charge PMSS ergibt sich $\alpha_{ker.}$ = 81,5 % (s. Tabelle 8-1, Seite 60) und daraus berechnet sich die relative Volumenänderung des PMSS zu $\Delta\tilde{V}_{PMSS}$ = − 0,58 (s. Kapitel 8.1.2). Bei einigen Keramiken wird als Binder zusätzlich PVB eingesetzt. Da PVB bei der Pyrolyse rückstandslos verbrennt ist $\Delta\tilde{V}_{PVB}$ = − 1. Der Zähler in Gl. 8-6 muß dementsprechend erweitert werden. Der Wert von $\Delta\tilde{V}_{ZrSi2}$ kann berechnet werden, sofern die bei der Reaktion entstehenden Produkte und deren Dichten bekannt sind (Gleichung 3-10, Seite 13). In Tabelle 8-16 sind einige denkbare Fälle zusammengefaßt. Die zur Berechnung benötigten Stoffkonstanten sind im Anhang D (Tabelle D-1) aufgeführt.

Tabelle 8-16: Relative Volumen- und Massenänderung bei der Oxidation von ZrSi$_2$

Reaktion[1]	$\Delta\tilde{V}$ [-]	$\Delta\tilde{m}$ [-]	$\rho_{theoretisch}$[2] [g/cm^3]
ZrSi$_2$ + 3 O$_2$ → ZrO$_2$ (t) + 2 SiO$_2$ (q)	1,22	0,65	3,62
ZrSi$_2$ + 3 O$_2$ → ZrSiO$_4$ + SiO$_2$(q)	1,06	0,65	3,92
ZrSi$_2$ + 3 O$_2$ → ZrSiO$_4$ + SiO$_2$(c)	1,21	0,65	3,67

[1] t: tetragonal, q: Quarz, c: Cristobalit; [2] der Produkte

Im folgenden wird für $\Delta \tilde{V}_{ZrSi2}$ der Wert von 1,06 als Berechnungsgrundlage festgelegt, da laut Phasendiagramm (s. Abbildung 3-5, Seite 20) bei Raumtemperatur $ZrSiO_4$ und $SiO_2(q)$ miteinander im Gleichgewicht stehen. Bei der Berechnung von $\Delta \tilde{V}_{ZrSi2}$ ist allerdings zu berücksichtigen, daß auch die inerte Füllkomponente, d.h. das ZrO_2, sowie die Pyrolyseprodukte des Polysiloxans, d.h. freies SiO_2, als weitere Edukte für die Reaktion mit den Oxidationsprodukten des $ZrSi_2$ zur Verfügung stehen. Eine genauere Diskussion erfolgt in Kapitel 8.5.3.

Des weiteren hängt der benötigte Anteil an Silicid noch von der Grün- und Sinterdichte sowie vom Polysiloxananteil ab. Da das Ziel des Verfahrens eine Keramik hoher Dichte ist, wird der Wert für die Sinterdichte auf 95 % TD festgelegt. Der für eine gute Abformbarkeit benötigte Binderanteil wird durch Vorversuche ermittelt und aus den jeweiligen Größen der benötigte Silicidanteil schließlich berechnet. Am Ende sollte sich auf diese Weise S = 0 durch die Wahl der geeigneten Gründichte, d.h. durch genau eingestellten Verdichtungsdruck, erzielen lassen.

Abbildung 8-36 zeigt in einer graphischen Darstellung, wie hoch der Silicidanteil (nach Gl. 8-6 berechnet) im Ausgangsgranulat sein muß, um je nach Gründichte und Binderanteil die Erzielung von S = 0 des Formkörpers zu gewährleisten. Der sich zu 100 Vol-% ergebende Differenzbetrag wird durch die inerte Komponente (ZrO_2) bereitgestellt.

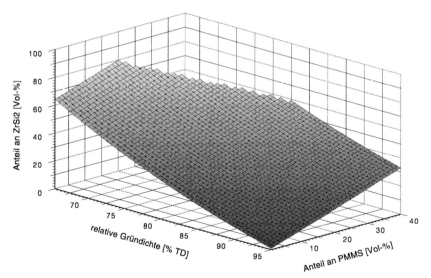

Abbildung 8-36: Benötigter Anteil an $ZrSi_2$ zum Schrumpfausgleich im System $ZrSi_2$-ZrO_2-PMSS ($\tilde{\rho}_{Sinter}$ = 95 % TD)

Abbildung 8-36 zeigt anschaulich, daß je höher die Gründichte und je geringer der Anteil an Binder ist, desto geringer auch der Anteil an aktiver Komponente ($ZrSi_2$) gewählt werden kann. Für den Grenzfall, daß kein Binder verwendet wird und sich eine Gründichte von 95 % TD erzielen läßt, ist dementsprechend auch keine volumenvergrößernde Komponente nötig. Der Körper schrumpft nicht beim Sintern auf eine Enddichte von 95 % TD. Bei einem sehr hohen Polymeranteil (z.B. 40 Vol-%) muß hingegen eine gewisse Mindestdichte (ca. 80 % TD) erzielt werden. Bei Grünkörpern mit geringeren Dichten ist die Kompensation des Sinterschrumpfes in diesem Fall grundsätzlich nicht mehr möglich, da der $ZrSi_2$-Anteil 60 Vol-% nicht überschreiten kann. Tabelle D-2 (Anhang D) enthält etliche weitere Zahlenbeispiele.

8.5.2 Experimentelle Ergebnisse

Der Sinterschrumpf läßt sich von nahezu allen hergestellten Keramiken kompensieren. Eine Ausnahme stellt dabei das Zr_79,5/30(SII) dar, da in diesem Fall die benötigte Gründichte nicht erzielt werden kann, ohne daß es zu Preßfehlern im Formkörper kommt. Die Ursache hierfür liegt in der schlechten Preßbarkeit des Granulates aufgrund der neuen Charge PMSS. Die erforderliche Gründichte für $S = 0$ läßt sich in diesem Fall selbst durch Pressen bei erhöhten Temperaturen nicht erzielen, ohne daß Preßfehler im Bauteil entstehen.

Die Minimierung des Sinterschrumpfes der Keramiken ist der maßgebliche Teil der vorliegenden Arbeit. Im folgenden sollen deshalb die Faktoren, welche die Erzielung von $S = 0$ beeinflussen, diskutiert werden.

Wie bereits im letzten Kapitel erwähnt, hängt der Sinterschrumpf von folgenden Größen ab:

- relative Sinterdichte
- Anteil und keramische Ausbeute des Binders
- Anteil an Silicid
- relative Gründichte

Die **relative Sinterdichte** ist der Faktor, der nur wenig variiert werden kann. Da das Ziel des Verfahrens eine mechanisch stabile Keramik ist, muß die Restporosität in den keramischen Formkörpern möglichst niedrig, d.h. die Dichte möglichst hoch sein. Dies läßt sich durch ein optimiertes Verfahren erzielen. Um ausreichend hohe Festigkeiten zu erzielen, sind für Strukturkeramiken üblicherweise Sinterdichten von größer 95 % TD erforderlich. Deshalb wird der zu erzielende Wert auf 95 % TD festgelegt. Ob sich dieser Wert tatsächlich realisieren läßt, muß experimentell überprüft werden.

Der **Binderanteil** sowie die Art und damit auch die keramische Ausbeute des Binders wird durch die Verarbeitbarkeit des Granulates festgelegt. Hier ist jedoch eine gewisse Variabilität gegeben. Im Rahmen dieser Arbeit wird aus systematischen Gründen nach Festlegung des

Herstellungsverfahrens der Binderanteil nur noch wenig variiert. Dies geschieht in Fällen, in denen es aufgrund der Verarbeitbarkeit des Granulates unverzichtbar ist (s. Kapitel 8.2.2). Der zugängliche Bereich der relativen Gründichte wird durch erste Versuche mit den entsprechenden Binderanteilen ermittelt. Im zweiten Schritt wird dann der zur Erzielung von S = 0 benötigte **Anteil an Silicid** berechnet. Dabei wird eine Gründichte im zuvor bestimmten Intervall zugrunde gelegt.

Für die jeweiligen Keramiken sind somit drei der vier Parameter festgelegt. Als freier Parameter bleibt lediglich die **relative Gründichte**, die durch geeignete Wahl des Preßdrucks in einem weiten Bereich eingestellt werden kann, wie in Kapitel 8.2.2 bereits diskutiert. Abbildung 8-37 zeigt für eine ausgewählte Keramik (Zr_79,5/20+10(S)) den Zusammenhang zwischen der beobachteten Volumenänderung (beim Übergang vom Grünkörper zur Keramik) und der Gründichte.

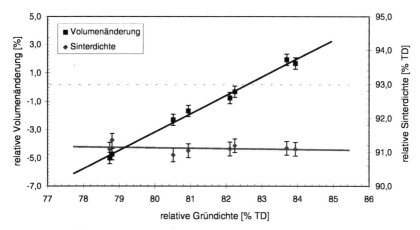

Abbildung 8-37: Volumenänderung und Sinterdichte der Keramiken in Abhängigkeit von der Gründichte (am Beispiel von Zr_79,5/20+10(S))

Am Beispiel dieser Keramik zeigt sich, daß der erwartete lineare Zusammenhang zwischen Volumenänderung und Gründichte (s. Gl. 3-4a, Seite 12) gegeben ist. Dies bestätigt die Beobachtung, daß die erzielte Sinterdichte nahezu unabhängig von der Gründichte ist. Die zur Erzielung von $\Delta \tilde{V} = 0$ benötigte Gründichte ist mit ca. 82,5 % TD hingegen größer als berechnet (79,5 % TD, s. Tabelle 4-1, Seite 30). Auf diese Diskrepanz wird im folgenden Kapitel näher eingegangen.

8 Das System ZrSi$_2$-ZrO$_2$

8.5.3 Korrektur des Modells

Grundannahmen

Für die Berechnung der zur Kompensation des Sinterschrumpfes benötigten Menge an ZrSi$_2$ wurden zunächst mehrere Annahmen getroffen:

1) Die relative Sinterdichte beträgt $\tilde{\rho}$ = 95 % TD.
2) Die relative Volumenänderung des ZrSi$_2$ beträgt $\Delta \tilde{V}_{ZrSi2}$ = 1,06.

Da die vorab erfolgten Experimente ergeben haben, daß bei einem PMSS-Anteil von 30 Vol-% Gründichten von ca. 80 % TD erzielbar sind, kann damit der benötigte ZrSi$_2$-Anteil gemäß Gl. 8-6 berechnet werden. Im folgenden wird überprüft, inwieweit diese Annahmen zutreffen. Als Beispiel dient wiederum das Zr_79,5/20+10(S).

Zu 1): relative Sinterdichte

Für Zr_79,5/20+10(S) ergibt sich unter der Annahme, daß die Bildung von ZrSiO$_4$ aus ZrO$_2$ und SiO$_2$ vollständig erfolgt eine theoretische Sinterdichte von 4,64 g/cm^3 (s. Tabelle 4-2, Seite 32). Damit ergibt sich aus der experimentell bestimmten Dichte von 4,22 g/cm^3 der in Tabelle 8-11 (Seite 91) aufgeführte Wert von $\tilde{\rho}_{Sinter}$ = 91 % TD. Tatsächlich erfolgt jedoch die Umsetzung zu ZrSiO$_4$ nicht vollständig. Wie bereits besprochen (s. Kapitel 8.4.1) liegen neben ZrSiO$_4$ sowohl SiO$_2$ als auch ZrO$_2$ vor (s. Abbildung 31, Seite 85). Eine quantitative Phasenanalyse ergibt für Zr_79,5/20+10(S) eine Zusammensetzung von 85 Vol-% ZrSiO$_4$, 10 Vol-% SiO$_2$ und 5 Vol-% ZrO$_2$. Die theoretische Dichte nimmt demzufolge von 4,64 auf 4,51 g/cm^3 ab, die relative Sinterdichte steigt dementsprechend von 91 auf knapp 94 % TD an. Die Annahme, daß am Ende eine Sinterdichte von 95 % TD erzielt wird, ist somit näherungsweise erfüllt.

Zu 2): relative Volumenzunahme des ZrSi$_2$:

Die relative Volumenzunahme an ZrSi$_2$ wird maßgeblich durch zwei Faktoren beeinflußt:

- Kugelabrieb und vorzeitige Oxidation beim Mahlen
- von den Phasen, die sich aus den Oxidationsprodukten bilden

Die **Einflüsse des Mahlens** auf die relative Volumenänderung des ZrSi$_2$ wurden bereits im Zusammenhang mit der maximal zu beobachtenden Massenänderung $\Delta \tilde{m}_{1600}$ besprochen (Kapitel 8.2.1). In diesem Zusammenhang wurde der Korrekturfaktor f eingeführt:

$$f = \Delta \tilde{m}_{1600} / \Delta \tilde{m}_{ZrSi2, \text{theoretisch}} \qquad \text{Gl. 8-3}$$

$$\Delta \tilde{V}_{\text{korrigiert}} = f \cdot \Delta \tilde{V}_{\text{theoretisch}} \qquad \text{Gl. 8-4}$$

Für Zr_79,5/20+10(S) ergibt sich nach 72 h Mahldauer ein Wert von f = 0,894. Die maximale Volumenzunahme $\Delta \tilde{V}_{ZrSi2}$ verringert sich demzufolge um etwa 10 %. In Tabelle 8-17 sind für einige weitere Beispiele die theoretisch zu erwartende Massenzunahme, die experimentell bestimmten Werte und der daraus berechnete Korrekturfaktor f aufgeführt. Die Werte werden an ungranuliertem, mischgemahlenem Pulver bestimmt.

Tabelle 8-17: Korrekturfaktor f für verschiedene Keramiken

Keramik	$\Delta \tilde{m}_{1600}$ [-]		Korrekturfaktor f
	experimentell	theoretisch	[-]
Zr_78,1/20+10(S)	31,3	34,9	0,897
Zr_79,5/20+10(S)	29,5	33,0	0,894
Zr_80,8/20+10(S)	27,9	31,3	0,892

Zudem wird die relative Volumenvergrößerung des $ZrSi_2$ durch die sich **nach der Oxidation bildenden Phasen** beeinflußt. Dieser Aspekt wurde bereits in Kapitel 8.5.1 kurz diskutiert (s. Tabelle 8-16, Seite 98). Insbesondere ist der Einfluß der zur Verfügung stehenden Reaktionspartner (in der Hauptsache freies ZrO_2) für die Oxidationsprodukte des $ZrSi_2$ zu beachten. Zur exakten Berechnung der relativen Volumenvergrößerung des $ZrSi_2$ können die mit der Oxidation und den Phasenumwandlungen verbundenen Volumenänderungen formal getrennt werden. Die gesamte beobachtete Volumenänderung ergibt sich dann aus der Summe dieser beiden Einzelbeiträge. Dieser Wert wiederum kann auf die relative Volumenänderung des $ZrSi_2$ bezogen werden ($\Delta \tilde{V}'_{ZrSi2}$). Im Anhang E (Kasten E-1) ist eine exakte, ausführliche Ableitung für Zr_79,5/20+10(S) dargestellt. Unter der Annahme, daß die Umsetzung zu $ZrSiO_4$ vollständig erfolgt, ergibt sich eine theoretische Sinterdichte von 4,64 g/cm³ und eine relative Volumenänderung des $ZrSi_2$ von $\Delta \tilde{V}'_{ZrSi2}$ = 0,946. Erfolgt die Umsetzung zu $ZrSiO_4$ hingegen nicht vollständig, so ergibt sich eine geringere theoretische Sinterdichte, die relative Volumenzunahme des $ZrSi_2$ ist in diesem Fall dann größer.

Diese Methode hat den Vorteil, daß der Einfluß einer „falschen" theoretischen Sinterdichte eliminiert wird, da die relative Volumenänderung des $ZrSi_2$ $\Delta \tilde{V}'_{ZrSi2}$ und theoretische Dichte direkt verknüpft sind. Aufgrund der Komplexität der Zusammenhänge und da die relative Volumenänderung des $ZrSi_2$ nicht mehr unabhängig von der Zusammensetzung ist, wurde zu Beginn als Berechnungsgrundlage eine pauschale Volumenänderung des $ZrSi_2$ von $\Delta \tilde{V}_{ZrSi2}$ = 1,06 angenommen.

Konsequenzen

Mit den oben festgelegten, korrigierten Annahmen sollen nun Theorie und Experiment verglichen werden. Die theoretische Volumenänderung wird allgemein wie folgt bestimmt (s. auch Kapitel 3.1.1):

8 Das System ZrSi$_2$-ZrO$_2$

$$\Delta \tilde{V} = (1 + \sum \tilde{V}_i \Delta \tilde{V}_i) \frac{\tilde{\rho}_{grün}}{\tilde{\rho}_{Sinter}} - 1 \qquad \text{Gl. 3-4a}$$

Für Zr_79,5/20+10(S) ergibt sich daraus:

$$\Delta \tilde{V} = (1 + \tilde{V}_{ZrSi2} \cdot f \cdot \Delta \tilde{V}'_{ZrSi2} + \tilde{V}_{PMSS} \cdot \Delta \tilde{V}_{PMSS} + \tilde{V}_{PVB} \cdot \Delta \tilde{V}_{PVB}) \frac{\tilde{\rho}_{grün}}{\tilde{\rho}_{Sinter}} - 1 \qquad \text{Gl. 8-7}$$

mit $f = 0,894$
$\tilde{V}_{ZrSi2} = 38,8\ \%$ $\Delta V'_{ZrSi2} = 0,946$
$\tilde{V}_{PMSS} = 20\ \%$ $\Delta \tilde{V}_{PMSS} = -0,58$
$\tilde{V}_{PVB} = 10\ \%$ $\Delta \tilde{V}_{PVB} = -1$
$\tilde{\rho}_{Sinter} = 91\ \%\ TD$ ($\rho_{Sinter} = 4,64\ g/cm^3$)

In Abbildung 8-38 werden die experimentell gewonnen Ergebnisse sowohl mit diesen korrigierten Werten als auch mit den nicht korrigierten theoretischen Werten (f = 1, $\Delta \tilde{V}_{ZrSi2}$ = 1,06, ansonsten gleiche Werte wie in Gl. 8-7) verglichen. Wie Abbildung 8-38 zeigt, stimmen Theorie (korrigierte Annahmen) und Praxis recht gut überein. Die noch geringen Unterschiede sind auf die experimentell gewonnenen, fehlerbehafteten Größen zur Bestimmung der theoretischen Volumenänderung (d.h. $\Delta \tilde{V}_{PMSS}$ und f) zurückzuführen. In Abbildung 8-38 ist ebenfalls zu erkennen, daß die Steigung der theoretischen Geraden etwas kleiner ist als die der experimentell bestimmten Geraden. Dies ist auf die leicht abnehmende Sinterdichte der Keramiken mit steigender Gründichte zurückzuführen (s. auch Abbildung 8-37).

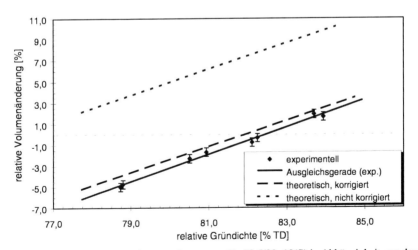

Abbildung 8-38: Relative Volumenänderung von Zr_79,5/20+10(S) in Abhängigkeit von der Gründichte: Vergleich von Theorie und Experiment (s. auch Text)

8.5.4 Einfluß des Formgebungsverfahrens auf den Schrumpfungsprozeß

Bisher wurde lediglich der gesamte Volumenschrumpf der Probe betrachtet. Um zu prüfen, ob das Reaktionssintern isotrop verläuft, wird zudem die Änderung der Höhe h bzw. des Durchmessers d ($\Delta \tilde{h}$ bzw. $\Delta \tilde{d}$) der zylinderförmigen Proben näher untersucht. In Abbildung 8-39 sind die Ergebnisse graphisch dargestellt. Hierbei zeigt sich, daß bei einen Volumenschrumpf von $\Delta \tilde{V} = 0$ die Werte für $\Delta \tilde{h}$ und $\Delta \tilde{d}$ nicht ebenfalls gleich Null sind, d.h. der Schrumpfungsprozeß erfolgt anisotrop. Für kleine Änderungen gilt:

$$\Delta \tilde{V} = 2 \cdot \Delta \tilde{d} + \Delta \tilde{h} \qquad \text{Gl. 8-8}$$

Aus diesem Grund wird in diesem Fall für $\Delta \tilde{V} = 0$ der Wert von $\Delta \tilde{d}$ negativ bzw. von $\Delta \tilde{h}$ positiv. In h-Richtung erfolgt demzufolge ein geringerer Schrumpfungsprozeß als in d-Richtung. Der Grund für die unterschiedlich großen Dimensionsänderungen ist darin zu sehen, daß aufgrund des axialen Trockenpreßverfahrens typische Dichtegradienten im Formkörper entstehen [GERMAN96, ÖZKAN97, SCHATT97]. Verursacht werden diese Dichtegradienten durch Wandreibungseffekte beim Verdichtungsvorgang. Bei plastisch leicht verformbaren Massen ist zusätzlich ein weiterer Effekt zu berücksichtigen. Beim axialen Pressen werden die vorhandenen Poren entlang der Richtung der Krafteinbringung (h-Richtung) abgeflacht (s. Abbildung E-11, Anhang E). Während des Sinterns nehmen diese abgeflachten Poren bevorzugt Kugelgestalt an, wodurch es zu einem Schwellprozeß kommt, der dem Schrumpfungsprozeß überlagert ist [GERMAN97]. Dadurch kommt es insgesamt zu einer geringeren Schrumpfung in h- als in d-Richtung.

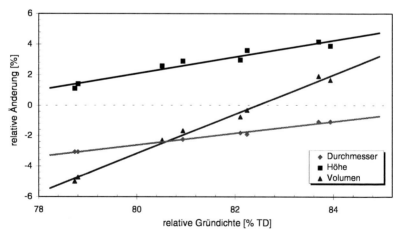

Abbildung 8-39: Abhängigkeit der Dimensionsänderung der gesinterten Keramiken von der Gründichte (am Beispiel von Zr_79,5/20+10(S), d/h ≈ 3)

8 Das System ZrSi$_2$-ZrO$_2$

Auf eine weitere Beobachtung muß an dieser Stelle eingegangen werden. Nicht nur der Sinterschrumpf, sondern bereits die Volumenvergrößerung bei der Oxidation hängt von der Gründichte und somit auch von Dichtegradienten im Bauteil ab. Dieser Zusammenhang ist in Abbildung 8-40 graphisch dargestellt. Es zeigt sich, daß nach der Voroxidation (max. Temperatur: 900 °C, 12 h) die beobachtete Volumenzunahme und auch Dichte der Formkörper um so größer ausfällt, je größer die Gründichte ist. Der Effekt der Abhängigkeit der Volumenänderung von der Gründichte ist nicht sehr stark ausgeprägt, da der Dichteverlauf nach der Oxidation den Dichteverlauf der Grünkörper widerspiegelt. Wesentlich auffälliger ist die Diskrepanz zwischen der Änderung von Höhe und Durchmesser der Proben. Die Werte von $\Delta \tilde{h}$ sind um einiges größer als diejenigen von $\Delta \tilde{d}$, d.h. die Volumenzunahme erfolgt nicht isotrop. Der Effekt, daß nach dem Sintern für $\Delta \tilde{V} = 0$ der Wert für $\Delta \tilde{h} > 0$ und der Wert für $\Delta \tilde{d} < 0$ wird, verstärkt sich demzufolge noch weiter.

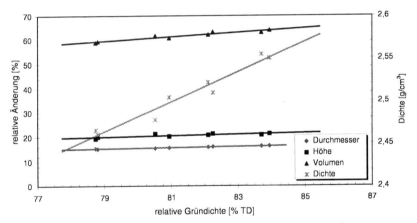

Abbildung 8-40: Dimensionsänderung bei der Oxidation der Formkörper (Zr_79,5/20+10(S), bei 800 und 900 °C je 12 h oxidiert; d/h ≈ 3)

Resümee

Die beobachteten Effekte der anisotropen Dimensionsänderungen der Formkörper sind einzig und allein auf das angewandte axiale Trockenpressen zur Herstellung der Bauteile zurückzuführen. Durch Keramischen Spritzguß beispielsweise lassen sich diese Probleme beseitigen [GERMAN97]. Trotzdem dient dieses Formgebungsverfahren zur Entwicklung des gesamten Verfahrens zur Herstellung schrumpfungsfreier Oxidkeramiken, da sich die Herstellung von Formkörpern äußerst einfach gestaltet und schnell durchzuführen ist.

8.6 Einfache „Bauteile"

Die folgenden Abbildungen zeigen eine Auswahl an Formkörpern, die mittels axialem Trokkenpressen hergestellt werden können. Als Formeinsatz bzw. Prägestempel können sowohl metallische Werkzeuge als auch entsprechend strukturierte Polymere dienen (s. Kapitel 4.4). Die Verdichtung erfolgt bei Temperaturen von 80 - 120 °C. Abbildung 8-41 und 8-42 zeigen einige durch Verwendung metallischer Prägewerkzeuge (Münzen) hergestellte Keramiken.

Abbildung 8-41:

Vergleich von Prägewerkzeug (Münze), Grünkörper (schwarz) und Zr_79,5/30(SI)-Keramik

Abbildung 8-42:

Vergleich von Prägewerkzeug (Münze), Zr_79,5/20+10(S)-(Mitte) und Al_2O_3-Keramik (rechts)

Abbildung 8-41 zeigt, daß eine sehr gute Formtreue der Keramiken nach dem Sintern gegeben ist. Die Durchmesser von Grünkörper und gesinterter Keramik weichen weniger als 1% voneinander ab. Hierzu muß angemerkt werden, daß die Grünkörper eine zur Erzielung von $\Delta \tilde{d} = 0$ benötigte Gründichte besitzen, die experimentell bestimmt werden kann (s. Abbildung 8-39, Seite 105). Demzufolge muß in Analogie zu den Ergebnissen in Kapitel 8.5.4

8 Das System ZrSi$_2$-ZrO$_2$

$\Delta \tilde{h} > 0$ sein. Aufgrund der Struktur der Körper wird auf einen Nachweis hierzu verzichtet. Zudem ist der Effekt nicht so stark ausgeprägt, da das Verhältnis d/h (ca. 10) wesentlich größer und damit der Wandreibungseinfluß geringer ist, als bei den in Abbildung 8-39 beschriebenen Formkörpern (d/h ≈ 3).

Ein Vergleich mit einer konventionellen, nicht schrumpfungsfreien Keramik ist in Abbildung 8-42 dargestellt. Die mit dem gleichen Prägewerkzeug hergestellte Keramik aus Al$_2$O$_3$ weist einen linearen Schrumpf von S ≈ 15 % auf.

Der Nachteil bei Verwendung metallischer Prägewerkzeuge besteht darin, daß die Entformung von Stempel und Formkörper mechanisch erfolgen muß. Durch die dabei auftretenden großen Kräfte besteht die Gefahr, daß feine Strukturen im Bauteil zerstört werden. Formkörper mit sehr kleinen Aspektverhältnissen (Verhältnis von Strukturhöhe zu Strukturbreite) lassen sich auf diese Weise hingegen schnell und einfach herstellen.

Durch den Einsatz polymerer Formeinsätze (z.B. aus PMMA) läßt sich die Beschränkung auf kleine Aspektverhältnisse aufheben. Bauteile mit feinen Details sind auf diese Weise zugänglich. Beispiele hierfür zeigen die Abbildungen 8-43 bis 8-46. Bei Verwendung von polymeren Formeinsätzen darf der Druck bei der Verdichtung jedoch nicht so hoch sein, daß der Prägeeinsatz zerstört wird. Dies läßt sich durch Warmprägen bei etwa 80 - 120 °C realisieren. Zudem muß sichergestellt sein, daß alle Vertiefungen vollständig mit Pulver gefüllt werden. Die Pyrolyse des Binders im Grünkörper zusammen mit dem Formeinsatz muß sehr langsam erfolgen, um der Zerstörung der Struktur durch die Pyrolyseprodukte vorzubeugen. Trotz aller Probleme werden nach dem Sintern die entsprechenden Bauteile mit minimiertem Sinterschrumpf erhalten.

Resümee

Abschließend läßt sich feststellen, daß mit dem im Rahmen dieser Arbeit entwickelten Verfahren die Herstellung einfacher, schrumpfungsfreier keramischer „Bauteile" problemlos erfolgen kann. Je komplexer die feinen Detailstrukturen werden, desto schwieriger wird es hingegen, fehlerfreie Teile herzustellen (s. Abbildung 8-44 und 8-45). Dem axialen Trockenpressen sind hier eindeutig Grenzen gesetzt.

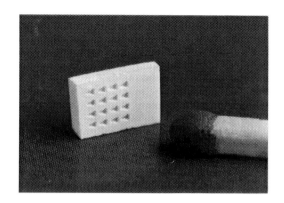

Abbildung 8-43:

Gesintertes „Mikrobauteil" aus Zr_79,5/30(SI), Teststruktur I

Abbildung 8-44:

Gesintertes „Mikrobauteil" aus Zr_79,5/30(SI), Teststruktur II

8 Das System ZrSi$_2$-ZrO$_2$

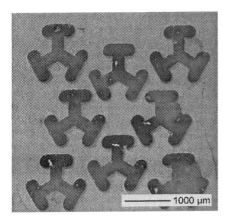

Abbildung 8-45:

Detailansicht (REM) einer weiteren Teststruktur aus Zr_79,5/30(SI)

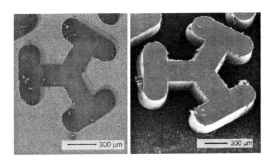

Abbildung 8-46:

Vergleich (REM) von Keramik (links, Ausschnitt aus Abbildung 8-45) und Formeinsatz aus PMMA (rechts)

Schlußfolgerungen

Schlußfolgerungen

Im Rahmen der vorliegenden Arbeit wurden zwei Systeme zur Herstellung schrumpfungsfreier, oxidkeramischer Formkörper über ein *reaction bonding* Verfahren untersucht. Die Auswahl der beiden Systeme

- $ZrSi_2$-ZrO_2
- $AlSi44$-Al_2O_3

erfolgte im Hinblick auf die für technische Anwendungen erforderlichen mechanischen Eigenschaften der gesinterten Keramiken. Auf diese Weise sind sowohl Keramiken auf Mullit ($3Al_2O_3*2SiO_2$)- als auch auf Zirkon($ZrSiO_4$)-Basis zugänglich.

Der Sinterschrumpf der Bauteile wird durch die mit der Oxidation der intermetallischen Verbindung ($ZrSi_2$) bzw. der Legierung ($AlSi44$) verbundene Volumenvergrößerung kompensiert. Für die beiden untersuchten Systeme wurde jeweils ein unterschiedliches Bindersystem entwickelt, mit dem es möglich war, strukturierte Formkörper herzustellen.

In dieser Arbeit wurde der Schwerpunkt auf das System $ZrSi_2$-ZrO_2 gelegt, da mit diesem System deutlich bessere physikalische und mechanische Eigenschaften erzielt werden können als mit dem System $AlSi44$-Al_2O_3. Der Grund dafür ist darin zu sehen, daß sich die Oxidation der Formkörper im Falle der Verwendung einer intermetallischen Verbindung als reaktive Komponente wesentlich einfacher steuern läßt als beim Einsatz einer Legierung. Darüber hinaus ist das System $ZrSi_2$-ZrO_2 für den Einsatz von *low loss bindern*, in diesem Falle von Polymethylsilsesquioxan, geeignet. Dadurch ist das eingangs geforderte, moderne und wirtschaftliche Abformverfahren, wie es etwa der Keramische Spritzguß oder das Heißgießen darstellen, prinzipiell zugänglich. Aufgrund der hohen keramischen Ausbeute des PMSS läßt sich trotz dessen großen Volumenanteils im Grünkörper die auftretende Sinterschrumpfung kompensieren. Abbildung I zeigt das Prinzip des angewandten *reaction bonding* Verfahrens zur Herstellung der schrumpfungsfreien $ZrSiO_4$-Keramiken.

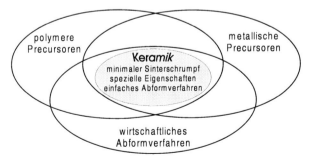

Abbildung I: *Reaction bonding* Verfahren zur Herstellung schrumpfungsfreier $ZrSiO_4$-Keramiken

Mit diesem neu entwickelten Verfahren ist es gelungen, Keramiken mit einer hohen Sinterdichte von 90 - 95 % TD herzustellen. Diese zeichnen sich außerdem durch gute mechanische Eigenschaften, wie etwa einer Festigkeit von größer 200 MPa und einer Rißzähigkeit von bis zu 3,0 MPa$\sqrt{m}$, aus. Der Sinterschrumpf von Null läßt sich durch geeignete Wahl des Verdichtungsdrucks, und damit der Gründichte, exakt einstellen. Die Hauptprobleme, die im Laufe der Entwicklung gelöst werden mußten, lagen in der Pulveraufbereitung, dem Einfluß der unterschiedlichen Chargen an Edukten, die eingesetzt wurden, sowie in der Optimierung der Prozeßführung, d.h. insbesondere der des Temperaturprofils bei der thermischen Umsetzung der Grünkörper zur Keramik.

Neben den Untersuchungen zur Aufklärung der Vorgänge, die im Laufe des gesamten Verfahrens ablaufen, d.h. von der Untersuchung der Edukte über die Optimierung der Granulatherstellung bis hin zur thermischen Umsetzung der Formkörper, lag der Schwerpunkt der Arbeit in der Minimierung des Sinterschrumpfes. Bei nahezu allen Keramiken war es möglich, den Sinterschrumpf zu kompensieren. Es hat sich jedoch gezeigt, daß Theorie und Experiment deutlich voneinander abweichen. Die Ursachen für diese Diskrepanz, d.h. v.a. eine zu geringe Volumenzunahme des $ZrSi_2$ sowie eine niedrigere theoretische Sinterdichte als angenommen, wurden näher untersucht. Durch Einführen von Korrekturen lassen sich die Abweichungen der experimentellen Ergebnisse von der Theorie erklären.

Der Herstellung von komplex geformten Bauteilen wurde zugunsten der grundlegenden Untersuchungen weniger Aufmerksamkeit gewidmet. Das bislang angewandte Formgebungsverfahren - axiales Warmpressen bzw. kalt-isostatisches Pressen von entsprechenden Granulaten - ist deshalb nur als Vorstufe für ein noch zu entwickelndes Spritzgieß- bzw. Heißgießverfahren zu sehen. Das im Rahmen dieser Arbeit angewandte Verfahren hat jedoch den Vorteil, daß die „Bauteile", die geometrisch äußerst einfach sind, auf sehr einfache und schnelle Weise hergestellt werden können. Die zur Abformung nötigen Prägewerkzeuge können entweder aus Polymeren oder im einfachsten Fall aus Metallen bestehen. Durch das Trockenpressen sind der Bauteilgeometrie allerdings Grenzen gesetzt. Für Formkörper mit beispielsweise hohen Aspektverhältnissen muß auf ein anderes Formgebungsverfahren übergegangen werden.

Die im Rahmen dieser Arbeit durchgeführten Untersuchungen lassen den Übergang vom Warmpressen auf das (Niederdruck-) Spritzgießen entsprechender Massen gerechtfertigt erscheinen. Dies unterstreichen einerseits die Viskositätsmessungen an Polymethylsilsesquioxan und andererseits die Preßbarkeit der Granulate bei verschiedenen Temperaturen und mit unterschiedlich hohem Polymeranteil. Folgende einfache Abschätzung soll dies belegen. Auch beim Spritzguß sollte die am Ende erzielbare Stöchiometrie der gesinterten Keramiken aufgrund der zu erzielenden mechanischen Eigenschaften im Bereich der in dieser Arbeit untersuchten Keramiken liegen. Dies ist ohne weiteres realisierbar (s. Kasten E-2, Anhang E). Der für CIM benötigte Anteil an Polymer liegt typischerweise bei 40 - 60 Vol-%

[EDIRISINGHE91]. Aufgrund dieses hohen Binderanteils läßt sich eine Gründichte von nahezu 100 % TD erzielen. Bei Verwendung von PMSS als Binder ergibt sich daraus eine Porosität von ca. 29 % nach der Pyrolyse des Grünkörpers. Beim Warmpressen liegt die Porosität nach der Binderpyrolyse im angeführten Beispiel hingegen bei ca. 36 Vol-%. Beim Spritzguß reicht demzufolge ein kleinerer Anteil an $ZrSi_2$ aus, um den Sinterschrumpf zu kompensieren. Aufgrund des höheren Anteils an SiO_2 im spritzgegossenen Bauteil, das bei der Pyrolyse des PMSS entsteht, läßt sich am Ende mit beiden Formgebungsverfahren in etwa dieselbe chemische Zusammensetzung erzielen. Für dieses Beispiel ergibt sich eine Zusammensetzung der gesinterten Keramiken von 94 mol-% $ZrSiO_4$ neben freiem SiO_2.

Durch den Übergang vom Trockenpreßverfahren zu einem Polymerabformverfahren ergibt sich die Möglichkeit zur Herstellung kompliziert geformter Bauteile. Darüber hinaus lassen sich die meisten für ein Trockenpreßverfahren typischen Probleme beseitigen. Dies sind:

- Dichteinhomogenitäten im Bauteil
- Probleme bei der Herstellung großer Formkörper
- auftretende Preßfehler

Etliche der in dieser Arbeit aufgetretenen und diskutierten Probleme entfallen damit, so z.B. auch der beobachtete anisotrope Schrumpfungsprozeß, da durch Spritzgießen Bauteile ohne Dichtegradienten erhalten werden können. Mit der Beseitigung dieser Probleme geht ebenfalls die bessere Reproduzierbarkeit und Verläßlichkeit der mechanischen Eigenschaften einher.

Resümee

Zusammenfassend läßt sich sagen, daß mit dem hier entwickelten Verfahren ein interessanter und erfolgversprechender Zugang für die Herstellung schrumpfungsfreier, keramischer Komponenten für die Mikrosystemtechnik geschaffen wurde. Aus diesem Grund wurde das Verfahren patentrechtlich geschützt [HENNIGE95]. Der größte Vorteil des Verfahrens ist die Herstellung maßhaltiger Bauteile. Die nahezu unmögliche mechanische Nachbearbeitung keramischer Mikrokomponenten ist auf diese Weise nicht mehr nötig, da Grünkörper und gesinterte Keramik exakt die gleichen Abmessungen besitzen. Damit entfällt eine der bisherigen Beschränkungen des Einsatzes von Keramiken in der Mikrosystemtechnik. Gelingt es zudem, den Formgebungsprozeß im Hinblick auf ein Polymerabformverfahren weiterzuentwickeln, so stehen eine Vielzahl von Bauteilgeometrien zur Verfügung. Zudem ist dadurch die Möglichkeit zur Herstellung mittlerer bis großer Stückzahlen gewährleistet.

Neben diesen vielfältigen Anwendungen für die Mikrosystemtechnik ist ebenfalls der Einsatz dieser Keramiken im Dentalbereich denkbar. Für diesen Verwendungszweck ist neben der Möglichkeit zur Herstellung paßgenauer Replikate insbesondere die weiße Farbe und die medizinische Unbedenklichkeit der Keramiken von Bedeutung. Durch die weiße Farbe ist eine Anpassung an den natürlichen Farbton der Zähne möglich, die aus ästhetischen Gründen unverzichtbar ist. Die mechanischen Eigenschaften erreichen bereits derzeit die Werte von den meisten in der Anwendung befindlichen keramischen Materialien für Brücken und Kronen (BIENIEK94). Das für diesen Einsatzbereich noch zu lösende Problem besteht ebenfalls in dem Übergang vom Trockenpreßverfahren auf ein in der Dentaltechnik geeignetes Formgebungsverfahren. Im Gegensatz zur Mikrosystemtechnik, bei der höhere Stückzahlen eines Bauteils hergestellt werden müssen, ist es in diesem Fall nicht unbedingt nötig, ein solch komplexes Formgebungsverfahren wie CIM zu entwickeln. Als Alternative bietet sich für dieses Anwendungsfeld die in Kapitel 8.1.1 kurz erwähnte, flexible Abformung über eine pastöse Masse an.

Neben diesen beiden Einsatzgebieten läßt sich das in dieser Arbeit vorgestellte Reaktionssinterverfahren überall dort einsetzen, wo die Kompensation des Sinterschrumpfes der keramischen Bauteile gegenüber anderen, konventionellen Verfahren einen wirtschaftlichen Vorteil bringt. Mit den exemplarisch genannten Anwendungsfeldern Mikrosystemtechnik und Dentaltechnik ist das Potential des Verfahrens sicher noch nicht ausgeschöpft.

Anhang

A Literatur

ATKINS87	P.W. Atkins *Physikalische Chemie*; VCH, Weinheim 1987
BARTUR84	M. Bartur, M.-A. Nicolet Journal of the Electrochemical Society **131** (1984), 371 - 375
BAUER96	W. Bauer, H.-J. Ritzhaupt-Kleissl, J.H. Haußelt *Werkstoffwoche 96*, Mai 1996, Stuttgart
BECKER86	E.W. Becker, W. Ehrfeld, P. Hagemann, A. Maner, D. Münchmeyer Microelectronic Engineering **4** (1986), 35 - 56
BECKER88	E.W. Becker, W. Ehrfeld Physikalische Blätter **44** (1988), 166 - 170
BEYERS86	R. Beyers, R. Sinclair Proceedings of the Electrochemical Society **86** (1986), 1 - 3
BIENIEK94	K.W. Bieniek, R. Marx Schweizer Monatsschrift für Zahnmedizin **104** (1994), 284 - 294
BLAU57	H.H. Blau, A.H. Nielsen Journal of Molecular Spectroscopy **1** (1957), 124
BRÜCK94	M. Brück, T. Vaahs, W. Böcker, W. Ehrfeld, M. Lacker, L. Giebel Offenlegungsschrift DE 43 16 184 A1, 1994
BRUNAUER38	S. Brunauer, P.H. Emmett, E. Teller Journal of the American Chemical Society **60** (1938), 2682 - 2687
BUTTERMANN67	W.C. Buttermann, W.R. Foster The American Mineralogist **52** (1967), 880 - 885
CAILLET78	M. Caillet, H.F. Ayedi, A. Galerie, J. Besson *Materials and Coatings to Resist High Temperature Corrosion*, Mai 1978, Düsseldorf
CLAUSSEN89	N. Claussen, Tuyen Le, Suxing Wu Journal of the European Ceramic Society **5** (1989), 29 - 35
CLAUSSEN90	N. Claussen, N.A. Travitzky, Suxing Wu Ceramic Engineering Science Proceedings **11** (1990), 806 - 820
CUBICCIOTTI49	D. Cubicciotti U.S. Navy Office Naval Research Technological Reports **4** (1949), 4

CURTIS53	C.E. Curtis, H.G. Sowman Journal of the American Ceramic Society **36** (1953), 190 - 198
DEAL65	B.E. Deal, A.S. Grove Journal of Applied Physics **36** (1965), 3770 - 3778
EDIRISINGHE91	M.J. Edirisinghe American Ceramic Society Bulletin **70** (1991), 824 - 828
ENGELKE85	F. Engelke *Aufbau der Moleküle*, Teubner, Stuttgart 1985
FAHRENHOLTZ96	W.G. Fahrenholtz, K.G. Ewsuk, P.T. Ellerby, R.E. Lochmann, N. Claussen Journal of the American Ceramic Society **79** (1996), 2497 - 2499
FITZER86	E. Fitzer, R. Gadow American Ceramic Society Bulletin **65** (1986), 326 - 335
FORNERIS58	R. Forneris, E. Funck Zeitschrift für Elektrochemie **62** (1958), 1130 - 1139
FREIMUTH96	H. Freimuth, V. Hessel, H. Kölle, M. Lacher, W. Ehrfeld Journal of the American Ceramic Society **79** (1996), 1457 - 1465
GELLER49	R.F. Geller, S.M. Lang Journal of the American Ceramic Society **32** (1949), 157
GERMAN96	R.M. German *Sintering Theory and Practice*, John Wiley & Sons Inc., New York 1996
GMELINS58	*Gmelins Handbuch der Anorganischen Chemie*, 8.Auflage VCH, Weinheim 1958
GRAIN76	L.F. Grain Journal of the American Ceramic Society **50** (1976), 288 - 290
GREIL92	P. Greil, M. Seibold Journal of Materials Science **27** (1992), 1053 - 1060
GULBRANSEN49	E.A. Gulbransen, K.F. Andrew Journal of Metals **1** (1949), 515 - 525
GWYER26	A.G.L. Gwyer, H.W.L. Phillips Journal of the Institute of Metals **36** (1926), 294 - 295

HAUßELT95	J.H. Haußelt *2. Statuskolloquium des Projekts Mikrosystemtechnik*, November 1995, Karlsruhe
HENNIGE95	V.D. Hennige, H.-J. Ritzhaupt-Kleissl, J.H. Haußelt Deutsches Patent DE 195 47 129, 1995
HESSE87	M. Hesse, H. Meier, B. Zeh *Spektroskopische Methoden in organischen Chemie*, Georg Thieme, Stuttgart 1987
HILLIG75	W.B. Hillig, R.L. Mehan, C.R. Morelock, V.J. DeCarlo, W. Laskow American Ceramic Society Bulletin **54** (1975), 1054 - 1056
HOLLEMANN85	A.F. Hollemann, E. Wiberg *Lehrbuch der Anorganischen Chemie*, Walter de Gruyter, Berlin 1985
HOLZ94	D. Holz, Suxing Wu, S. Scheppokat, N. Claussen Journal of the American Ceramic Society **77** (1994), 2509 - 2517
HOLZ96	D. Holz, S. Pagel, C. Bowen, Suxing Wu, N. Claussen Journal of the European Ceramic Society **16** (1996), 255 - 260
HONEYMAN96	P. Honeyman-Colvin, F.F. Lange Journal of the American Ceramic Society **79** (1996), 1810 - 1814
HÖNIGSCHMID06	O. Hönigschmid Monatshefte für Chemie **27** (1906), 1069 - 1081
HOZER95	L. Hozer, J.-R. Lee, Y.-M. Chiang Materials Science and Engineering **A195** (1995), 131 - 143
HURWITZ87	F.I. Hurwitz, L. Hyatt, J. Gorechki, L. D'Amore Ceramic Engineering Science Proceedings **8** (1987), 732 - 743
KOCHERZINSKII76	Y.A. Kocherznskii, O.G. Kulik, E.A. Shiskin Metallofiz **64** (1976), 48 - 52
KREIDL42	N.J. Kreidl Journal of the American Ceramic Society **25** (1942), 129 - 141
KRIEGSMANN58	H. Kriegsmann Zeitschrift für Anorganische und Allgemeine Chemie **298** (1958), 232 - 240
LAVRENKO85	V.A. Lavrenko, V. Shemet, A. Goncharuk Thermochimica Acta **93** (1985), 501 - 504

LAVRENKO91	V.A. Lavrenko, V.L. Tikush Poverchnost **4** (1991), 153 - 155
LAZAREV66	A.N. Lazarev, T.F. Tenisheva Bulletin of the Academy of Sciences of the USSR, Division Chemical Society, 1966, 940 - 946
LENK95	R. Lenk Ceramic Forum International (cfi) **72** (1995), 636 - 642
LEQUEUX95	N. Lequeux, N. Richard, P. Boch Journal of the American Ceramic Society **78** (1995), 2961 - 2966
MARPLE89	B.R. Marple, D.J. Green Journal of the American Ceramic Society **72** (1989), 2043 - 2048
MENZ97	W. Menz, J. Mohr *Mikrosystemtechnik für Ingenieure*, VCH, Weinheim 1997
MORI90	T. Mori, H. Hoshino, H. Yamamura, H. Kobayashi, T. Mitamura Journal of the Ceramic Society of Japan, Int. Ed. **98** (1990), 1023 - 1028
MURRAY84	J.L. Murray, A.J. McAlister Bulletin of Alloy Phase Diagrams **5** (1984), 74 - 84
OKAMOTO90	H. Okamoto Bulletin of Alloy Phase Diagrams **5** (1990), 513 - 519
ÖZKAN97	N. Özkan, B.J. Briscoe Journal of the European Ceramic Society **17** (1997), 679 - 711
PETZOLD92	A. Petzold *Anorganisch-nichtmetallische Werkstoffe* Deutscher Verlag für Grundstoffindustrie, Leipzig 1992
POPALL91	M. Popall, J. Kappel, M. Pilz, J. Schulz VDI-Berichte **933** (1991), 139 - 162
RITZHAUPT95	H.-J. Ritzhaupt-Kleissl, W. Bauer, R. Knitter *2. Statuskolloquium des Projekts Mikrosystemtechnik*, November 1995, Karlsruhe
RÜPPEL91	D. Rüppel, H. Gernoth, B. Hoffmann, D. Jacvli, J. Magan, K. Witan VDI-Berichte **933** (1991), 265 - 284
SALMANG82	H. Salmang, H. Scholze *Keramik*, Springer, Heidelberg 1982

SCHATT97	W. Schatt, K.-P. Wieters *Powder Metallurgy*, European Powder Metallurgy Association, Shrewsbury 1997
SCHEPPOKAT96	S. Scheppokat, N. Claussen, R. Hannink Journal of the European Ceramic Society **16** (1996), 919 - 927
SCHOLZ92	H. Scholz, P. Greil, N. Travitzky, K. Shmuel, R. Feige, R. Thome Offenlegungsschrift DE 41 18 943 A1, 1992
SCHWARTZ86	K.B. Schwartz, D.J. Rowcliffe Journal of the American Ceramic Society **69** (1986), C106 - C108
SCHWETTMANN71	F.N. Schwettmann, R.A. Graff, M. Kolodney Journal of the Electrochemical society **118** (1971), 1973 - 1977
SCOTT75	H.S. Scott Journal of Materials Science **10** (1975), 1527 - 1535
SEIBOLD91	M. Seibold, P. Greil, N. Claussen Offenlegungsschrift DE 39 26 077 A1, Februar 1991
SEIBOLD93	M. Seibold, P. Greil Journal of the European Ceramic Society **11** (1993), 105 - 113
SEIFERT87	J. Seifert, G. Emig Chemie-Ingenieur-Technik **59** (1987), 475 - 484
SEYFARTH28	H. Seyfarth Zeitschrift für Kristallographie und Mineralogie **67** (1928), 295 - 328
SEYFERTH91	D. Seyferth, N, Brysan, D.P. Workman, C.A. Sobon Journal of the American Ceramic Society **74** (1991), 2687 - 2689
SEYFERTH92	D. Seyferth, C. Strohmann, H.J. Tracy, J.L. Robison Materials Research Society Symposium Proceedings **249** (1992), 3 - 13
SRIVASTAVA74	K.K. Srivastava, R.N. Patil, C.B. Choudhary Transactions and Journal of the British Ceramic Society **73** (1974), 85 - 87
STIELING92	P. Stieling Keramische Zeitschrift **44** (1992), 295 - 299

TANAKA58	T. Tanaka Bulletin of the Chemical Society of Japan, Int. Ed., **31** (1958), 762 - 766
TRAVITZKY92	N.A. Travitzky, N. Claussen Journal of the European Ceramic Society **9** (1992), 61 - 65
ULLMANN84	Ullmann's Enzyklopädie der Technischen Chemie 4. Auflage, Band **24**, S. 696, VCH, Weinheim 1984
VOITOVICH74	R. Voitovich, E. Pugach Soviet Powder Metallurgy and Metal Ceramics **13** (1974), 49 - 54
WALKER83	B.E. Walker, R.W. Rice, P.F. Becher, B.A. Bender, W.S. Coblenz American Ceramic Society Bulletin **62** (1983), 916 - 923
WALTER96	S. Walter, D. Suttor, T. Erny, B. Hahn, P. Greil Journal of the European Ceramic Society **16** (1996), 387 - 393
WASHBURN20	E.W. Washburn, E.E. Libman Journal of the American Ceramic Society **3** (1920), 634 - 640
WOODARD93	K.J. Woodard, D.R. Dinger, J.E. Funk Ceramic Engineering Science Proceedings **14** (1993), 416 - 424
WRIEDT85	H.A. Wriedt Bulletin of Alloy Phase Diagrams **6** (1985), 548 - 553
WRIEDT90	H.A. Wriedt Bulletin of Alloy Phase Diagrams **11** (1990), 43 - 61
WU91	Suxing Wu, N. Claussen Journal of the American Ceramic Society **74** (1991), 2460 - 2463
WU93	Suxing Wu, D. Holz, N. Claussen Journal of the American Ceramic Society **76** (1993), 970 - 980
YAJIMA77	S. Yajima, T. Shishido. M. Hamano Nature **266** (1977), 522 - 524
ZHANG95	T. Zhang, J.R.G. Evans, J. Woodthorpe Journal of the European Ceramic Society **15** (1995), 729 - 734
ZHANG96	C. Zhang, M.D. Vlajic, V.D. Kristic, D.P.H. Hasselmann Science of Sintering **28** (1996), 165 - 173

B Verwendete Abkürzungen und Symbole

Abkürzungen

CIM	Keramischer Spritzguß
DTA	Differenzthermoanalyse
EDX	energiedispersive Röntgenanalyse
LM	Lichtmikroskopie
PEG	Polyethylenglycol
PMSS	Polymethylsilsesquioxan
PVA	Polyvinylalkohol
PVB	Polyvinylbutyral
RB	*reaction bonding*, Reaktionssinter(-Verfahren)
REM	Rasterelektronen-Mikroskopie
RFA	Röntgenfluoreszenz-Analyse
TA	Thermische Analyse
TG	Thermogravimetrie
WDX	wellenlängendispersive Röntgenanalyse

Symbole

a	Eindruckdiagonale beim Vickershärte-Eindruck [µm]
b	Probenbreite [mm]
c	Rißlänge beim Vickershärte-Eindruck [µm]
d	Probendurchmesser [mm] oder Netzebenenabstand [nm]
d_n	Partikeldurchmesser der Partikel mit einem Summenanteil von n Vol-% [µm]
$\Delta \tilde{d}$	relative Durchmesseränderung [-]
E	E-Modul [GPa]
f	Korrekturfaktor [-]
F	Kraft [N]
$h, \Delta \tilde{h}$	Probenhöhe [mm], relative Höhenänderung [-]
H, H_v	Vickershärte [GPa], Vickershärte [-]

k_{Ic}	Rißzähigkeit [MPa$\sqrt{m}$]
$l, \Delta \tilde{l}$	Probenlänge [mm], relative Längenänderung [-]
m	Masse [g] oder Weibullparameter [-]
$\tilde{m}$	Massenanteil [-]
$\Delta \tilde{m}$	relative Massenänderung [-]
M	Molmasse [g/mol]
n	Molzahl [mol] oder Ordnung der Interferenz [-]
$\tilde{n}$	Molanteil (Molenbruch) [-]
p	Druck [Pa]
r	Radius [nm]
S	linearer Schrumpf, lineare Dimensionsänderung [-]
V	Volumen [cm^3]
$\tilde{V}$	Volumenanteil [-]
$\Delta \tilde{V}$	relative Volumenänderung [-]
W	Ausfallwahrscheinlichkeit eines Bauteils [%]
$\alpha_{ker.}$	keramische Ausbeute [-]
β	Dichteverhältnis [-]
δ	Deformationsschwingung
η	dynamische Viskosität [Pa·s]
ϑ	Randwinkel [°]
λ	Wellenlänge [nm]
ν	Streckschwingung
θ	Einstrahlwinkel [°]
ρ	Dichte [g/cm^3]
$\tilde{\rho}$	relative Dichte [% TD]
ρ_r	*rocking*-Schwingung
σ	Grenzflächenspannung [N/m]
σ_c, σ_0	Biegefestigkeit [MPa], Biegefestigkeit bei $W = 63{,}2\ \%$ [MPa]

C Ableitung einiger verwendeter Gleichungen

Zusammenhang zwischen linearem Schrumpf und Volumenschrumpf

Die lineare Dimensionsänderung S läßt sich direkt aus der relativen Volumenänderung $\Delta\tilde{V}$ ableiten. Dies sei am Beispiel eines Würfels der Kantenlänge a, der eine Längenänderung um den Betrag x erfährt, erläutert.

Die relative Volumenänderung $\Delta\tilde{V}$ ist gegeben zu:

$$\Delta\tilde{V} = \frac{V_{Ende} - V_0}{V_0} = \frac{\tilde{\rho}_{grün}}{\tilde{\rho}_{Sinter}} - 1 \qquad \text{Gl. 3-1}$$

Diese Volumenänderung läßt sich auch in Abhängigkeit von a und x beschreiben:

$$\Delta\tilde{V} = \frac{V_{Ende} - V_0}{V_0} = \frac{(a+x)^3 - a^3}{a^3}$$

$$= \frac{(a+x)^3}{a^3} - 1$$

$$= \left(\frac{a+x}{a}\right)^3 - 1$$

$$= \left(1 + \frac{x}{a}\right)^3 - 1 \qquad \text{Gl. B-1}$$

Da die lineare Dimensionsänderung S definiert ist als:

$$S = \frac{a_{Ende} - a_0}{a_0} = \frac{(a+x) - a}{a} = \frac{x}{a} \qquad \text{Gl. B-2}$$

ergibt sich durch Vergleich von Gl. B-1 mit Gl. B-2:

$$\Delta\tilde{V} = (1+S)^3 - 1 \qquad \text{Gl. B-3}$$

Und durch Vergleich von Gl. B-3 mit Gl. 3-1 erhält man schließlich die gesuchte Beziehung:

$$S = \sqrt[3]{\frac{\tilde{\rho}_{grün}}{\tilde{\rho}_{Sinter}}} - 1 \qquad \text{Gl. 3-3}$$

Ableitung der Formel für die Berechnung der Sinterschrumpfung

Die dimensionslose Volumenänderung $\Delta\tilde{V}$ [-] eines Körpers beim Sintern läßt sich beschreiben mit:

$$\Delta\tilde{V} = \frac{V^E}{V^0} - 1 \qquad \text{Gl. 3-1a}$$

mit $\quad V^E$: Volumen nach dem Sintern [cm³]
$\quad\quad\, V^0$: Volumen vor dem Sintern [cm³]

Für ein 2-Komponentensystem aus einer inerten Komponente A und einer reaktiven Komponente B, deren Masse und Volumen sich im Laufe des Prozesses ändern (relative Massenänderung $\Delta\tilde{m}_B$ [-] bzw. relative Volumenänderung $\Delta\tilde{V}_B$ [-]) ergibt sich damit für die Volumenänderung beim Sintern:

$$\Delta\tilde{V} = \frac{V^E}{V^0} - 1 = \frac{V_A + V_B + V_B \Delta\tilde{V}_B + V_P^E}{V_A + V_B + V_P^0} - 1 \qquad \text{Gl. B-4}$$

mit $\quad V_A, V_B$: Volumen der Komponenten A bzw. B [cm³]
$\quad\quad\, V_P^0, V_P^E$: Porenvolumen vor bzw. nach dem Sintern [cm³]

Die absolute Gründichte, d.h. die Dichte vor dem Sintern, des Körpers $\rho_{\text{grün}}$ [g/cm³] ist gegeben zu:

$$\rho_{\text{grün}} = \rho^0 = \frac{m_A + m_B}{V_A + V_B + V_P^0} \qquad \text{Gl. B-5}$$

mit $\quad m_A, m_B$: Masse von A bzw. B [g]

Die relative Gründichte des Körpers $\tilde{\rho}_{\text{grün}}$ [-] ist gegeben zu:

$$\tilde{\rho}_{\text{grün}} = \tilde{\rho}^0 = \frac{\rho^0}{\dfrac{m_A + m_B}{V_A + V_B}} = \frac{V_A + V_B}{V_A + V_B + V_P^0} \qquad \text{Gl. B-6}$$

Die absolute Sinterdichte, d.h. die Dichte nach dem Sintern ρ_{Sinter} [g/cm³] und die relative Sinterdichte $\tilde{\rho}_{\text{Sinter}}$ [-] sind analog gegeben zu:

$$\rho_{\text{Sinter}} = \rho^E = \frac{m_A + m_B + m_B \Delta\tilde{m}_B}{V_A + V_B + V_B \Delta\tilde{V}_B + V_P^E} \qquad \text{Gl. B-7}$$

bzw.:

$$\tilde{\rho}_{\text{Sinter}} = \tilde{\rho}^E = \frac{V_A + V_B + V_B \Delta\tilde{V}_B}{V_A + V_B + V_B \Delta\tilde{V}_B + V_P^E} \qquad \text{Gl. B-8}$$

C Ableitung einiger verwendeter Gleichungen

Durch Einsetzen von Gl. B-7 und Gl. B-8 in Gl. B-4 ergibt sich daraus:

$$\Delta \tilde{V} = \frac{(V_A + V_B) + V_B \Delta \tilde{V}_B}{V_A + V_B} \cdot \frac{\tilde{\rho}^0}{\tilde{\rho}^E} - 1$$

$$= \left(1 + \frac{V_B \Delta \tilde{V}_B}{V_A + V_B}\right) \cdot \frac{\tilde{\rho}^0}{\tilde{\rho}^E} - 1 \qquad \text{Gl. B-9}$$

Da weiterhin der relative Volumenanteil $\tilde{V}_B$ [-] der Komponente B in der Ausgangsmischung gegeben ist zu

$$\tilde{V}_B = \frac{V_B}{V_A + V_B} \qquad \text{Gl. B-10}$$

ergibt sich durch Einsetzen von Gl. B-10 in Gl. B-9 der gesuchte Zusammenhang:

$$\Delta \tilde{V} = \left(1 + \tilde{V}_B \Delta \tilde{V}_B\right) \cdot \frac{\tilde{\rho}^0}{\tilde{\rho}^E} - 1 \qquad \text{Gl. B-11}$$

Gl. B-11 läßt sich auch auf Systeme mit mehreren Komponenten übertragen. Durch Übergang in der Nomenklatur von 0/E auf Grün/Sinter erhält man für den linearen Sinterschrumpf S [-]:

$$S = \sqrt[3]{\left(1 + \sum_i \tilde{V}_i \Delta \tilde{V}_i\right) \frac{\tilde{\rho}_{\text{grün}}}{\tilde{\rho}_{\text{Sinter}}}} - 1 \qquad \text{Gl. 3-4}$$

Zusammenhang zwischen Umsatz und Massenänderung

Der Umsatz an $ZrSi_2$ U(t) bei der Oxidation läßt sich direkt anhand der Messung der gesamten Massenzunahme $\Delta \tilde{m}_{ZrSi2}(t)$ berechnen. Die Oxidation des $ZrSi_2$ erfolgt nach folgender Reaktionsgleichung:

$$ZrSi_2 + 3\,O_2 \rightarrow ZrO_2 + 2\,SiO_2$$

Der Umsatz U(t) an $ZrSi_2$ ist wie folgt definiert:

$$U(t) = (m_{ZrSi2}(t=0) - m_{ZrSi2}(t))/m_{ZrSi2}(t=0) \qquad \text{Gl. 3-15}$$

mit $m_{ZrSi2}(t=0)$: zu Beginn vorhandene Masse an $ZrSi_2$
   $m_{ZrSi2}(t)$: nach der Zeit t noch vorhandene Masse an $ZrSi_2$

Anhand der Thermischen Analyse läßt sich eine durch die Oxidation bedingte relative Massenzunahme von

$$\Delta \tilde{m}_{exp.} = (m(t) - m(t=0))/m(t=0) \qquad \text{Gl. B-12}$$

mit $m(t=0)$: Masse zu Beginn
   $m(t)$: Gesamtmasse nach der Zeit t

beobachten. Die nach der Zeit t zu erwartende Massenzunahme m(t) läßt sich anhand einer einfachen Massenbilanz ableiten. Unter Berücksichtigung obiger Reaktionsgleichung und der Definition für den Umsatz ergibt sich:

$$m(t) = m_{ZrSi2}(t=0) \cdot \{(1 - U(t)) + (b + c) \cdot U(t)\}$$ **Gl. B-13**

Die Koeffizienten b und c ergeben sich anhand der stöchiometrischen Verhältnisse zu:

$$b = 0{,}835 \qquad c = 0{,}817$$

Gl. B-13 läßt sich weiter vereinfachen und man erhält nach Einsetzen von b und c:

$$m(t) = m_{ZrSi2}(t=0) \cdot \{(1 + 0{,}652 \, U(t)\}$$ **Gl. B-14**

Die maximale Massenzunahme des ZrSi$_2$ $\Delta \tilde{m}$ beträgt genau 65,2 %, d.h. Gl. B-14 liefert direkt den gesuchten Zusammenhang:

$$m(t) = m(t=0) \cdot (1 + \Delta \tilde{m}_{max} \cdot U(t))$$ **Gl. B-15**

Aus Gleichung B-15 ergibt sich nach Umstellen und Einsetzen von Gl. B-12 direkt Gl. 3-17:

$$U(t) = \Delta \tilde{m}_{rel.(t)}(t)/\Delta \tilde{m}_{max}$$ **Gl. 3-17**

D Tabellenanhang

Tabelle D-1: Die wichtigsten Stoffkonstanten

	Molmasse [g/mol]	Dichte [g/cm^3]	keram. Ausbeute [-]
ZrSi$_2$	147,4	4,88 (4,80)[1]	1,65
ZrO$_2$	123,2	5,82 (m) 5,95 (t)	1
SiO$_2$	60,1	2,65 (q) 2,21 (c)	1
ZrSiO$_4$	183,3	4,70	1
Y$_2$O$_3$	225,8	5,01	1
PMSS	-	1,35[1]	0,78[2]
PPPSS	-	1,27[1]	0,49[2]
PVB	-	1,08	0
AlSi44	192,3	2,56[1]	2,00
Al$_2$O$_3$	102,0	3,97	1
3Al$_2$O$_3$*2SiO$_2$	426,2	3,16	1

[1] mittels He-Pyknometrie, [2] gravimetrisch, alte Charge PMSS
m: monoklin, t: tetragonal, q: Quartz, c: Cristobalit

Tabelle D-2: Ausgewählte Daten zur Veranschaulichung von Gleichung 8-5 (s. Kapitel 8.5.1)

	ZrSi$_2$-Anteil [Vol-%] bei einem PMSS-Anteil von .... [Vol-%]			
Gründichte [% TD]	0	15	30	45
60	55,0	63,2	-	-
70	33,7	41,9	50,1	-
80	17,7	25,9	34,1	42,3
90	5,2	13,4	21,7	29,9
95	0	8,2	16,4	24,6

mit: $S = 0$, $\tilde{\rho}_{Sinter} = 95\ \%$ TD, $\Delta \tilde{V}_{ZrSi2} = 1,06$, $\Delta \tilde{V}_{PMSS} = -0,58$

E   Ergänzende Abbildungen

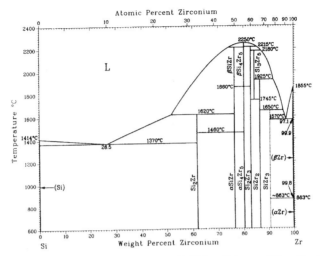

Abbildung E-1: Phasendiagramm des Systems Zr-Si (aus [Okamoto90], s. Kapitel 3.3.2)

Abbildung E-2:

$ZrSi_2$ als Ausgangspulver (links) und nach dem Heißisostatischen Pressen (rechts); s. Kapitel 5

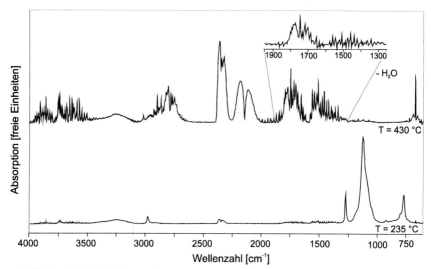

Abbildung E-3: IR-Spektren der Zersetzungsgase der TA von PMSS bei 235 und 430 °C
(s. Kapitel 8.1.2)

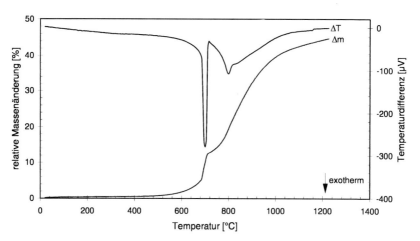

Abbildung E-4: TG/DTA-Untersuchung von ZrSi$_2$
(s. Kapitel 8.1.2)

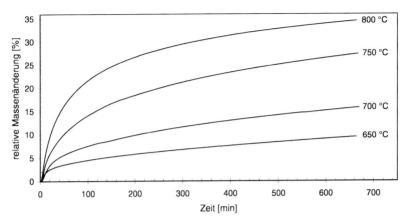

Abbildung E-5: Massenänderung von ZrSi$_2$ bei der Oxidation (trockene, Synthetische Luft) in Abhängigkeit von der Temperatur (s. Kapitel 8.1.3)

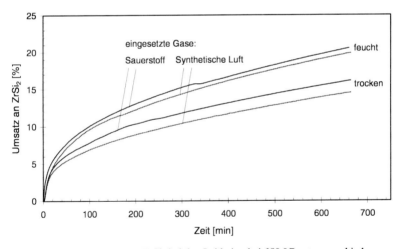

Abbildung E-6: Umsatz an ZrSi$_2$ bei der Oxidation bei 650 °C unter verschiedenen Atmosphären (s. Kapitel 8.1.3)

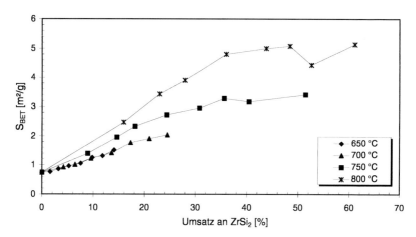

Abbildung E-7: Untersuchung der Oxidation von $ZrSi_2$ (Pulver): Abhängigkeit der spezifischen Oberfläche (BET) vom Umsatz (s. Kapitel 8.1.3)

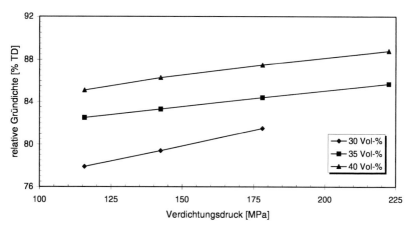

Abbildung E-8: Einfluß des Binderanteils auf die Preßbarkeit (T = 120 °C) des sprühgetrockneten Granulates am Beispiel von Zr_78/30(SVIII) (PMSS neu; Kapitel 8.2.2)

E Ergänzende Abbildungen A 21

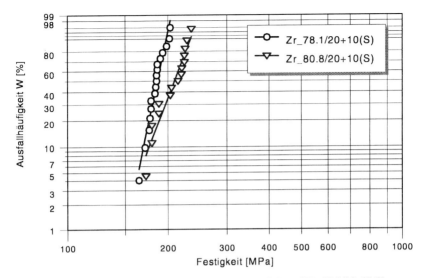

Abbildung E-9: Biegefestigkeit von Zr_78,1/20+10(S) und Zr_80,8/20+10(S) (Weibullverteilung, s. Kapitel 8.4.3)

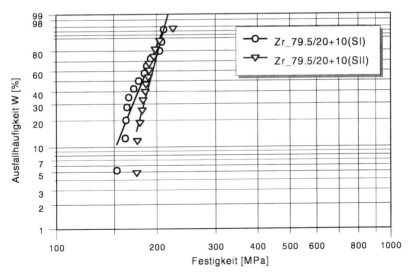

Abbildung E-10: Biegefestigkeit von Zr_79,5/20+10(SI, II) (Weibullverteilung, s. Kapitel 8.4.3)

Abbildung E-11:
Einfluß des Formgebungsverfahren auf den Schrumpfungsprozeß: Vergleich von isostatischem und axialem Pressen (aus [GERMAN96], s. Kapitel 8.5.4)

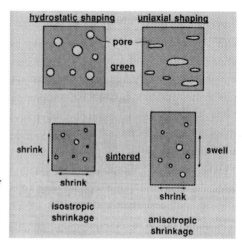

E Ergänzende Abbildungen

Zur exakten Bestimmung der realtiven Volumenänderung des $ZrSi_2$ ($\Delta \tilde{V}'_{ZrSi2}$) werden formal die Teilbereiche Oxidation und Phasenumwandlungen voneinander abgetrennt. Für Zr_79,5/20+10(S) werden folgende Werte verwendet (s. Tabelle 4.1 und Kapitel 8.5.1):

$\tilde{V}_{ZrSi2} = 38,8\ \%$ $\Delta \tilde{V}_{ZrSi2}$ bzw. $\Delta \tilde{V}'_{ZrSi2}$ sind zu bestimmen

$\tilde{V}_{PMSS} = 20\ \%$ $\Delta \tilde{V}_{PMSS} = -0,58$

$\tilde{V}_{PVB} = 10\ \%$ $\Delta \tilde{V}_{PVB} = -1$

1) Oxidation:

$$ZrSi_2 + 3\ O_2 \rightarrow ZrO_2(t) + 2\ SiO_2(q) \qquad \Delta \tilde{V}_{ZrSi2} = 1,22\ \text{(s. Tabelle 8-16)}$$

für Zr_79,5/20+10(S) ergibt sich:

$$\Delta \tilde{V}_1 = \tilde{V}_{ZrSi2} \cdot \Delta \tilde{V}_{ZrSi2} + \tilde{V}_{PMSS} \cdot \Delta \tilde{V}_{PMSS} + \tilde{V}_{PVB} \cdot \Delta \tilde{V}_{PVB}$$

$\Rightarrow\ \Delta \tilde{V}_1 = 0,258$

2) Phasenumwandlung:

$$95\ ZrO_2\ (t) + 100\ SiO_2\ (q) \rightarrow 95\ ZrSiO_4 + 5\ SiO_2\ (q)$$

für Zr_79,5/20+10(S) ergibt sich:

$\Rightarrow\ \Delta \tilde{V}_2 = \rho_{Edukte}/\rho_{Produkte} - 1 = 4,15/4,64 - 1$ (s. Gl. 3-1)

$\Rightarrow\ \Delta \tilde{V}_2 = -0,106$

3) Gesamtvolumenänderung:

für Zr_79,5/20+10(S) ergibt sich damit: $\Delta \tilde{V}_{gesamt} = \Delta \tilde{V}_1 + \Delta \tilde{V}_2 = 0,152$

Diese insgesamt beobachtete Volumenänderung kann dann wiederum in die einzelnen Beiträge unterteilt werden. Die relativen Volumenänderungen des PMSS und des PVB werden als konstant vorausgesetzt. Die Volumenänderung des $ZrSi_2$ beinhaltet dann sämtliche Änderungen, die durch die Oxidation bzw. sich daran anschließende Phasenumwandlungen verursacht werden. Für Zr_79,5/20+10(S) ergibt sich damit gemäß:

$$\Delta \tilde{V}'_{ZrSi2} = \frac{1}{\tilde{V}_{ZrSi2}} \cdot (\Delta \tilde{V}_{gesamt} - \tilde{V}_{PMSS} \cdot \Delta \tilde{V}_{PMSS} - \tilde{V}_{PVB} \cdot \Delta \tilde{V}_{PVB})$$

ein korrigierter Wert von $\Delta \tilde{V}'_{ZrSi2} = 0,946$. In diesem enthalten sind sämtliche Phasenumwandlungen. Die theoretische Sinterdichte (95 mol-% $ZrSiO_4$ und 5 mol-% SiO_2) beträgt 4,64 g/cm^3.

Kasten E-1: Exakte Berechnung von $\Delta \tilde{V}'_{ZrSi2}$ am Beispiel von Zr_79,5/20+10(S) (s. Kapitel 8.5.2)

> Vergleich von Warmpressen und Keramischem Spritzguß:
> - ♦ derzeitiges Warmpreßverfahren:
>   - ○ Polymeranteil (PMSS):   30 Vol-%
>   - ○ derzeitige Gründichte: 78 % TD
>   - ⇒ Porosität nach dem Entbindern:
> $$P = 1 - \tilde{\rho}_{grün} (1 + \tilde{V}_{PMSS} \cdot \Delta \tilde{V}_{PMSS})$$
>   - ⇒ $P \approx 36\,\%$
>   - ⇒ benötigter Anteil an $ZrSi_2$:   37 Vol-% (Zr_78/30, s. Tabelle 4-1)
>   - ⇒ chem. Zusammensetzung nach dem Sintern: $ZrSiO_4$ (94 mol-%)+ SiO_2
> - ♦ für Spritzguß typische Werte:
>   - ○ PMSS-Anteil für CIM: 47 Vol-%
>   - ○ erzielbare Gründichte: 98 % TD
>   - ⇒ Porosität nach dem Entbindern: ca. 29 %
>   - ⇒ benötigter Anteil an $ZrSi_2$:   ca. 23 Vol-%
>   - ⇒ chem. Zusammensetzung nach dem Sintern: $ZrSiO_4$ (94 mol-%)+ SiO_2

Kasten E-2: Der Übergang zum Spritzguß: Abschätzung der Zusammensetzung (für S = 0, $\tilde{\rho}_{Sinter}$ = 95 % TD; s. Kapitel **Schlußfolgerungen**)